Hygieneschulung

Jetzt diesen Titel zusätzlich als E-Book downloaden und 70 % sparen!

Als Käufer dieses Buchtitels haben Sie Anspruch auf ein besonderes Kombi-Angebot: Sie können den Titel zusätzlich zum Ihnen vorliegenden gedruckten Exemplar für nur 30 % des Normalpreises als E-Book beziehen.

Der BESONDERE VORTEIL: Im E-Book recherchieren Sie in Sekundenschnelle die gewünschten Themen und Textpassagen. Denn die E-Book-Variante ist mit einer komfortablen Volltextsuche ausgestattet!

Deshalb: Zögern Sie nicht. Laden Sie sich am besten gleich Ihre persönliche E-Book-Ausgabe dieses Titels herunter.

In 3 einfachen Schritten zum E-Book:

1. Rufen Sie die Website **www.dinmedia.de/e-book** auf.

2. Geben Sie hier Ihren persönlichen, nur einmal verwendbaren E-Book-Code ein:

   38519D5AFC95C39

3. Klicken Sie das „Download-Feld“ an und gehen dann weiter zum Warenkorb. Führen Sie den normalen Bestellprozess aus.

Hinweis: Der E-Book-Code wurde individuell für Sie als Erwerber dieses Buches erzeugt und darf nicht an Dritte weitergegeben werden. Mit Zurückziehung dieses Buches wird auch der damit verbundene E-Book-Code für den Download ungültig.

Hygieneschulung

Dr. Thomas Reiche (Hrsg.)
Dr. Roland Sohmen (Hrsg.)
Anja Tittes

Hygieneschulung

Kommentar zu DIN 10514

4., vollständig aktualisierte Auflage 2024

Herausgeber:
DIN Deutsches Institut für Normung e. V.

DIN Media GmbH

Herausgeber: DIN Deutsches Institut für Normung e. V.
© 2024 DIN Media GmbH
Am DIN-Platz
Burggrafenstraße 6
10787 Berlin
Telefon: +49 30 588 857 00-70
Internet: www.dinmedia.de
E-Mail: kundenservice@dinmedia.de

Maßgebend für das Anwenden jeder in diesem Werk erläuterten oder zitierten Norm ist deren Fassung mit dem neuesten Ausgabedatum. Den aktuellen Stand zu jeder DIN-Norm können Sie im Webshop von DIN Media unter www.dinmedia.de abfragen. Dort finden Sie insbesondere etwaige Berichtigungen und Warnvermerke, welche bei der Anwendung der jeweiligen Norm unbedingt zu beachten sind.

Titelbild: © piai, Nutzung unter Lizenz von adobe.stock.com
Satz: DIN Media GmbH, Berlin
Druck: Plump Druck & Medien, Rheinbreitbach
Gedruckt auf säurefreiem, alterungsbeständigem Papier nach DIN EN ISO 9706

ISBN 978-3-410-38519-6
ISBN (E-Book) 978-3-410-38520-2

In Gedenken an Professor Dr. Harald Kolb (* 04.03.1942; † 19.08.2023)

Initiator des Norm-Projektes „Hygieneschulung“ und erster Leiter des DIN-Arbeitskreises „Personalhygiene/Schulung“

Sein außerordentliches Engagement und umfangreiches Fachwissen, sein persönlicher Einsatz, verbunden mit seiner verbindlichen Art, haben maßgeblich dazu beigetragen, dass die Norm DIN 10514 „Lebensmittelhygiene – Hygieneschulung“ erstmalig im August 1997 veröffentlicht werden konnte. DIN 10514 wurde als eine der ersten DIN-Normen als nationale Leitlinie für eine gute Verfahrenspraxis gemäß § 8 der EG-Verordnung Nr. 852/2004 über Lebensmittelhygiene anerkannt.

Hervorzuheben ist, dass Herr Prof. Dr. Harald Kolb im Rahmen des DIN-Wettbewerbs „Nutzen der Normung“ für seinen Beitrag zur Norm DIN 10514 ausgezeichnet wurde. Zudem war er als Autor für die erste Ausgabe des DIN-Taschenbuchs „Hygieneschulung“ verantwortlich.

Autoren

Thomas Reiche

Mitglied im Arbeitskreis NA 057-02-01-10 AK „Personalhygiene/Schulung“ des Arbeitsausschusses NA 057-02-01 AA „Lebensmittelhygiene“ im DIN-Normenausschuss NA 057 Lebensmittel und landwirtschaftliche Produkte (NAL).

Dr. med. vet. Thomas Reiche ist Fachtierarzt für Lebensmittelhygiene und Fachtierarzt für Öffentliches Veterinärwesen (Amtstierarzt). Er war von 1983 bis 2018 Lebensmittel-Sachverständiger der Bundeswehr, dort u. a. leitender Lebensmittelhygieniker der Bundeswehr und Referent Veterinärwesen im Bundesministerium der Verteidigung, zuletzt in der Leitung des Zentralen Institutes der Bundeswehr in Koblenz und zugleich als Abteilungsleiter Veterinärmedizin tätig.

Thomas Reiche war bis 2018 Mitglied und stellvertretender Vorsitzender der Hygienekommission des Bundesinstituts für Risikobewertung (BfR). Er ist Mitglied in zahlreichen Arbeitskreisen des DIN und ehrenamtlicher Experte des DIN-Verbraucherrates.

Roland Sohmen

Vorsitzender des Arbeitskreises NA 057-02-01-10 AK „Personalhygiene/Schulung“ des Arbeitsausschusses NA 057-02-01 AA „Lebensmittelhygiene“ im DIN-Normenausschuss NA 057 Lebensmittel und landwirtschaftliche Produkte (NAL).

Dr. rer. nat. Roland Sohmen ist als wissenschaftlicher Mitarbeiter bei der Berufsgenossenschaft für Nahrungsmittel und Gaststätten (BGN) tätig mit Schwerpunkt Arbeits- und Gesundheitsschutz in seiner Funktion als Leiter des Labors Mikrobiologie in der Abteilung Gesundheitsschutz im Geschäftsbereich Prävention. Er ist Koordinator der BGN für biologische Arbeitsstoffe und Mitarbeiter in Gremien der Deutschen Gesetzlichen Unfallversicherung (DGUV, Fachbereich Nahrungsmittel), darunter der Koordinierungskreis für biologische Arbeitsstoffe (KOBAS). Darüber hinaus ist er Mitglied im Unterausschuss 1 des Ausschusses für Biologische Arbeitsstoffe (ABAS), einem Beratungsgremium des Bundesministeriums für Arbeit und Soziales zur Biostoffverordnung.

Roland Sohmen ist stellvertretender Obmann des Arbeitsausschusses NA 057-02-01 AA „Lebensmittelhygiene“ im DIN-Normenausschuss Lebensmittel und landwirtschaftliche Produkte (NAL) und Mitglied in weiteren Arbeitskreisen für DIN, EN und ISO auf dem Gebiet der Lebensmittelsicherheit, mikrobiologischer Nachweisverfahren in der Lebensmittelkette und Anforderung an die Hygiene von Nahrungsmittelmaschinen und Lebensmittelkontaktmaterialien.

Anja Tittes

Staatlich geprüfte Lebensmittelkontrolleurin sowie staatlich geprüfte Hygieneinspektorin.

Seit über 30 Jahren ist Anja Tittes in Sachsen als Lebensmittelkontrolleurin in einem kommunalen Lebensmittelüberwachungs- und Veterinäramt tätig. Darüber hinaus hat sie in der Dienststelle die Funktion der Qualitätsmanagementbeauftragten inne und führt im Auftrag des Fachministeriums, dem Sächsischen Staatsministerium für Soziales und gesellschaftlichen Zusammenhalt, interne Audits durch.

Anja Tittes engagierte sich ehrenamtlich viele Jahre für ihre Berufsgruppe im Verband der sächsischen Lebensmittelkontrolleure und im Prüfungsausschuss sowie im Bundesverband der Lebensmittelkontrolleure Deutschlands e.V., dessen Vorsitz sie acht Jahre innehatte. Seit zwei Jahren ist sie die Ehrenvorsitzende des Bundesverbandes der Lebensmittelkontrolleure Deutschland e.V. (BVLK) und unterstützt den Dachverband als Redaktionsleiterin für das Fachjournal „Der Lebensmittelkontrolleur".

Anja Tittes arbeitet beim Arbeitsausschusses NA 057-02-01 AA „Lebensmittelhygiene" im DIN-Normenausschuss NA 057 Lebensmittel und landwirtschaftliche Produkte (NAL) mit.

Inhaltsverzeichnis

Vorwort der Herausgeber zur 4. Auflage

Diese Kommentierung der DIN 10514 „Lebensmittelhygiene – Hygieneschulung“ beruht auf der vollständig überarbeiteten Neuauflage der Norm mit Erscheinungsdatum Juli 2024.

Sie ersetzt damit die DIN 10514:2009-05 und den dazugehörigen Kommentar aus dem Jahre 2010.

Zitat aus dem Vorwort der 3. Auflage von „Hygieneschulung – Kommentar zu DIN 10514“ (2010):

> Da die Norm DIN 10514 „Hygieneschulung“, ähnlich wie die ehemalige Lebensmittelhygiene Verordnung (LMHV) und die aktuelle Verordnung (EG) Nr. 852/2004 über Lebensmittelhygiene vom 29.04.2004, für alle Branchen gültig formuliert wurde, konnte dies nur in einer sehr allgemeinen Form geschehen.

Diese Aussage des ehemaligen Vorsitzenden des Arbeitskreises und Begründers des Kommentars Prof. Dr. Harald Kolb und der Mitautorin Frau Dipl.-Oecotroph. Kristin Marquardt ist bis heute gültig.

Seit der Festlegung der Verpflichtung zur Hygieneschulung mit der deutschen Lebensmittelhygiene-Verordnung aus dem Jahre 1997 bis zu den aktuellen Änderungen der europäischen und nationalen Rechtsnormen beinhalten diese keine konkreteren Angaben zu einzelnen Bestimmungen zur allgemeinen Hygieneschulung. Dies war Anlass und Motivation, eine Norm zu schreiben, die den verantwortlichen Lebensmittelunternehmern helfen soll, das Thema Hygieneschulung sachgerecht und praxisbezogen für das Unternehmen umzusetzen.

Die Europäische Kommission hat mit der „Bekanntmachung zur Umsetzung von Managementsystemen für Lebensmittelsicherheit unter Berücksichtigung von guter Hygienepraxis und auf die HACCP-Grundsätze gestützten Verfahren einschließlich Vereinfachung und Flexibilisierung bei der Umsetzung in bestimmten Lebensmittelunternehmen“ im Jahr 2016 und aktualisiert im Jahre 2022 eigene Ausführungen zur Verordnung (EG) Nr. 852/2004 gemacht. Hier findet sich auch eine Passage zur Hygieneschulung. DIN EN ISO 22000 enthält Ausführungen zu den Basishygienepunkten, die auch für Schulungen relevant sind. Daher werden zur Kommentierung von DIN 10514 die Bekanntmachung und die DIN EN ISO 22000 in dieser Ausgabe des Kommentars mit herangezogen. Weitere Ausführungen zum Thema Managementsysteme für Lebensmittelsicherheit findet man auch in DIN 10503 „Lebensmittelhygiene – Begriffe“, siehe Anhang A.2.

Die Hygieneschulung aller Mitarbeitenden eines jeden Lebensmittelbetriebes ist eine wesentliche Grundvoraussetzung für die Umsetzung der sogenannten Guten Hygienepraxis (GHP) im Lebensmittelbetrieb.

Der vorliegende Kommentar soll den Anwendern der DIN 10514 mit Beispielen und weiteren Erläuterungen Hilfestellungen zur Umsetzung im eigenen Betrieb geben.

Dabei berücksichtigt dieser Kommentar die zeitliche Entwicklung der letzten 25 Jahre und die heutigen Möglichkeiten zur Durchführung von Schulungsmaßnahmen.

Reiche, Sohmen, Tittes im Juli 2024

1 Einleitung

1.1 Zur Bedeutung von Hygieneschulungen aus Sicht der Lebensmittelüberwachung

Anja Tittes

In Deutschland sind ca. 1,2 Millionen Betriebe bei den Lebensmittelüberwachungsbehörden registriert, die in der Produktion, der Verarbeitung oder dem Vertrieb von Lebensmitteln tätig sind [1].

Über fünf Millionen (5,1 Millionen) Menschen in Deutschland arbeiten für die gesamte Lebensmittelwertschöpfungskette, das sind 11,4 Prozent aller Erwerbstätigen, die für Versorgungs- und Lebensmittelsicherheit, Qualität und die Vielfalt von 170.000 Produkten stehen. Davon arbeiten 485.000 in der Landwirtschaft, 62.710 im Agrargroßhandel, 499.000 im Handwerk, 638.831 in der Ernährungsindustrie, 1.300.000 im Lebensmitteleinzelhandel, 268.726 im Lebensmittelgroßhandel und 1.856.000 im Gastgewerbe [2].

Nicht nur die Bandbreite der Qualifikationen der Mitarbeitenden in den einzelnen Bereichen ist dabei sehr vielfältig, sondern auch die Kulturkreise, aus denen diese kommen. Je nach Herkunftsland entspricht das erlernte Hygienewissen und -verhalten oftmals nicht dem eigentlich Notwendigen. Diese Ausgangssituation stellt sowohl die Lebensmittelunternehmer als auch die amtliche Lebensmittelüberwachung vor Herausforderungen.

Jedem Lebensmittelunternehmer muss bewusst sein, dass er nach Verordnung (EG) Nr. 178/2002, Art. 17, verpflichtet ist, durch geeignete Maßnahmen die Lebensmittelsicherheit auf allen Stufen des Inverkehrbringens sicherzustellen [3].

Hygieneschulungen sind deshalb kein „notwendiges Übel“, sondern essenziell, wenn es um die Lebensmittelsicherheit geht. Werden Hygieneschulungen regelmäßig sowie qualitativ gut durchgeführt und sind dabei adressatengerecht und arbeitsplatzbezogen aufbereitet, sind sie ein wichtiges Instrument im Lebensmittelsicherheitskonzept und der Lebensmittelsicherheitskultur.

Sind die Mitarbeitenden von der Notwendigkeit der Schulungsmaßnahmen überzeugt, verstehen die Inhalte und können sich damit identifizieren, wird Hygiene in der Praxis schließlich auch gelebt und alle wissen im Idealfall, welche Hygienevorschriften warum und wie einzuhalten sind. Dies sorgt gerade in sensiblen Bereichen für Rechtssicherheit.

Die Auswahl an geeigneten Schulungsmedien und -methoden ist inzwischen groß und bietet sowohl für kleine und mittelständische Unternehmen als auch für Großbetriebe entsprechende Angebote und Möglichkeiten, die Schulung entsprechend der DIN 10514 durchzuführen, zu dokumentieren und den Schulungserfolg zu überprüfen.

Denn spätestens im Rahmen der risikoorientierten Betriebskontrolle fallen den Lebensmittelüberwachungsbehörden, unabhängig von der Betriebsart und -größe, die Wissensdefizite der Mitarbeitenden anhand der vor Ort festgestellten Mängel auf. Beispielhaft seien hier erwähnt:

- unzureichende Reinigung und Desinfektion
- mögliche Kreuzkontaminationen durch unsachgemäße Lebensmittellagerung und -bearbeitung
- Schädlingsbefall
- unzureichende Personalhygiene
- ungeeignetes Temperaturmanagement
- Möglichkeit von Fremdkörpereintrag, z. B. durch verschlissene Ausstattung oder Schmuck des Personals

Diese vermeidbaren Mängel führen in der Konsequenz zu amtlichen Auflagen, kostenpflichtigen Nachkontrollen, Verwaltungsverfahren, einer schlechteren Einstufung in der Risikobeurteilung nach AVV RÜb [4] mit der Folge häufigerer amtlicher Kontrollen, von Veröffentlichungen nach § 40 Abs. 1a Lebensmittel- und Futtermittelgesetzbuch, Schnellwarnungen bei Gesundheitsgefahr, Bußgeldverfahren, Strafverfahren und auch temporären Betriebsschließungen.

Im schlimmsten Fall sind derartige Mängel die Ursache für lebensmittelbedingte Krankheitsausbrüche. Im Jahr 2022 wurden insgesamt 211 lebensmittelbedingte Krankheitsausbrüche an das Robert Koch-Institut (RKI) bzw. an das Bundesamt für Verbraucherschutz und Lebensmittelsicherheit (BVL) gemeldet (26 % mehr als im Vorjahr). Mindestens 1.488 Erkrankungen, 268 Hospitalisierungen und acht Todesfälle standen mit den Ausbrüchen in Zusammenhang. Die Dunkelziffer dürfte deutlich höher sein.

Als Ursachen wurden unter anderem infizierte Mitarbeitende, Kreuzkontamination und unbehandelte kontaminierte Zutaten, Nichteinhaltung der Lagerbedingungen (Temperatur/Zeit), unzureichende Kühlung und unzureichende Wärmebehandlung ermittelt [5].

Jeder Lebensmittelunternehmer sollte sich deshalb im Sinne der Lebensmittelsicherheitskultur in der Verantwortung sehen, die Beanstandungen der amtlichen Lebensmittelüberwachung mit seinen Mitarbeitenden auszuwerten sowie gemeinsam nach Ursachen und Möglichkeiten zu suchen, diese künftig zu verhindern. Die Punkte, die der Gesetzgeber im Rahmen der Lebensmittelsicherheitskultur für notwendig erachtet, sind in der EU-Verordnung 2021/382 [6] festgehalten, mit der die Anhänge der Verordnung (EG) Nr. 852/2004 [7] geändert wurden. Als zentrale Bedingungen werden dort Sensibilisierung, Kommunikation und Schulung genannt.

Ganz im Sinne von Benjamin Franklin, der sagte, „dass eine Investition in Wissen immer noch die besten Zinsen bringt", ist jeder einzelne gut geschulte Mitarbeitende im Lebensmittelbereich ein Gewinn für die Sache Lebensmittelsicherheit und den gesundheitlichen Verbraucherschutz.

1.2 Zur Bedeutung der DIN 10514 im Kontext der Agenda der Lebensmittelhygiene-Verordnung und der Verordnung (EG) Nr. 852/2004 Lebensmittelhygiene

Thomas Reiche

Mit dem Paradigmenwechsel weg von der staatlichen Verantwortung hin zur primären und allumfassenden Verantwortung des Lebensmittelunternehmers für die Lebensmittelsicherheit der Produkte und die Hygienesituation im Betrieb kam auch die allgemeine Hygieneschulungspflicht auf die Unternehmen zu.

Es begann mit der Richtlinie 93/43/EWG des Rates vom 14. Juni 1993 über Lebensmittelhygiene [8]. Hier wurde erstmals formuliert:

X Schulung

Die Betreiber von Lebensmittelunternehmen gewährleisten, dass Personen, die mit Lebensmitteln umgehen, entsprechend ihrer Tätigkeit überwacht und in Fragen der Lebensmittelhygiene unterrichtet und/oder geschult werden.

Die erforderliche nationale Umsetzung erfolgte mit der Lebensmittelhygiene-Verordnung aus dem Jahre 1997 [9]. Diese trat am 8. Februar 1998 in Kraft. Seither ist die Hygieneschulungspflicht rechtlich in Deutschland verbindlich angeordnet.

Es folgte die Verordnung (EG) Nr. 852/2004 über Lebensmittelhygiene [7], die die alte Richtlinie durch eine unmittelbar geltende europäische Verordnung der Europäischen Gemeinschaft ablöste und zugleich die nationale LMHV überlagerte.

Daher musste die LMHV neu gefasst werden. Diese Neufassung erschien 2007.

Die Begründung zur Verordnung (EG) Nr. 852/2004 über Lebensmittelhygiene formuliert:

> (7) Hauptziel der neuen allgemeinen und spezifischen Hygienevorschriften ist es, hinsichtlich der Sicherheit von Lebensmitteln ein hohes Verbraucherschutzniveau zu gewährleisten.

und

> (13) Eine erfolgreiche Umsetzung der Verfahren auf der Grundlage der HACCP-Grundsätze erfordert die volle Mitwirkung und das Engagement der Beschäftigten des jeweiligen Lebensmittelunternehmens. Diese sollten dafür entsprechend geschult werden.

Nur wer die Hintergrundinformationen kennt, kann die Verfahrensanweisungen in ihrem Inhalt und ihrer Bedeutung für die Lebensmittelsicherheit verstehen. Die allgemeine Hygieneschulung soll diese Grundlage schaffen. Daher wurde sie in der Verordnung (EG) Nr. 852/2004 über Lebensmittelhygiene, Anhang II Kapitel XII, wie folgt verankert:

> **XII Schulung**
>
> Lebensmittelunternehmer haben zu gewährleisten, dass
>
> 1. Betriebsangestellte, die mit Lebensmitteln umgehen, entsprechend ihrer Tätigkeit überwacht und in Fragen der Lebensmittelhygiene unterwiesen und/oder geschult werden,

und in Hinblick auf das HACCP-Konzept ergänzt:

> 2. die Personen, die für die Entwicklung und Anwendung des Verfahrens nach Artikel 5 Absatz 1 der vorliegenden Verordnung oder für die Umsetzung einschlägiger Leitfäden zuständig sind, in allen Fragen der Anwendung der HACCP-Grundsätze angemessen geschult werden.

Gleichwohl sind die Bestimmungen in der Verordnung (EG) Nr. 852/2004 über Lebensmittelhygiene so stichpunktartig gehalten, dass es seit deren Veröffentlichung im Jahre 2004 fortlaufend Diskussionen um die Auslegung gab und gibt. Insbesondere die Ausführungen zur Basishygiene im Anhang II der EU-Verordnung bieten zwar grundlegende Orientierung bei Themen der Hygieneschulung, geben aber keine konkreten Inhalte dafür vor.

Die Neufassung der LMHV von 2007 [10] beinhaltet mit § 4 und Anlage 1 die nationale Ergänzung nach Verordnung (EG) Nr. 852/2004, Anhang II Kapitel XII Nr. 3, die „Anforderungen der einzelstaatlichen Rechtsvorschriften über Schulungsprogramme für die Beschäftigten bestimmter Lebensmittelsektoren [...]."

Die LMHV richtet sich daher mit den Anforderungen in § 4 für den Umgang mit leicht verderblichen Lebensmitteln als der Gruppe von Lebensmitteln mit hohen lebensmittelhygienischen Anforderungen an die Lebensmittelunternehmen, die aufgrund ihrer Herstellung und Verarbeitung bis hin zur Abgabe an Verbraucher mit leicht verderblichen Lebensmitteln umgehen:

§ 4 Schulung

(1) Leicht verderbliche Lebensmittel dürfen nur von Personen hergestellt, behandelt oder in den Verkehr gebracht werden, die auf Grund einer Schulung nach Anhang II Kapitel XII Nummer 1 der Verordnung (EG) Nr. 852/2004 über ihrer jeweiligen Tätigkeit entsprechende Fachkenntnisse auf den in Anlage 1 genannten Sachgebieten verfügen. Die Fachkenntnisse nach Satz 1 sind auf Verlangen der zuständigen Behörde nachzuweisen.

Die LMHV nimmt von dieser Regelung Unternehmen aus, die nicht mit den Lebensmitteln selbst in Berührung kommen oder ausschließlich mit Primärerzeugnissen umgehen.

Satz 1 gilt nicht, soweit ausschließlich verpackte Lebensmittel gewogen, gemessen, gestempelt, bedruckt oder in den Verkehr gebracht werden. Satz 1 gilt nicht für die Primärproduktion und die Abgabe kleiner Mengen von Primärerzeugnissen nach § 5.

(2) Bei Personen, die eine wissenschaftliche Ausbildung oder eine Berufsausbildung abgeschlossen haben, in der Kenntnisse und Fertigkeiten auf dem Gebiet des Verkehrs mit Lebensmitteln einschließlich der Lebensmittelhygiene vermittelt werden, wird vermutet, dass sie für eine der jeweiligen Ausbildung entsprechende Tätigkeit

1. nach Anhang II Kapitel XII Nummer 1 der Verordnung (EG) Nr. 852/2004 in Fragen der Lebensmittelhygiene geschult sind und
2. über nach Absatz 1 erforderliche Fachkenntnisse verfügen.

Hierbei gingen die damaligen Mitglieder der Arbeitsgruppe davon aus, dass die Berufsausbildung im deutschen Handwerk für Köche, Metzger und Bäcker/

Konditoren eine sehr gute Vermittlung an Fachwissen beinhaltet. In der Lebensmittelbranche arbeiten aber neben den Fachleuten auch viele andere Berufsgruppen und Arbeitshilfen, die nicht über diese in der Anlage 1 zu § 4 der LMHV bestimmten Fachkenntnisse vollumfänglich verfügen.

Die Formulierung „wird vermutet“ lässt aber im Umkehrschluss auch zu, dass eine Überwachungsbehörde zu der Feststellung kommen kann, dass dies im Einzelfall angezweifelt werden kann!

Andererseits sollte der Berufsabschluss kein Freibrief sein. Man kam überein, dass die Personen „über die erforderlichen Fachkenntnisse verfügen“ müssen. Da diese Fachkenntnisse berufsspezifisch vermittelt werden, kann man z. B. nicht voraussetzen, dass ein Metzger vollumfänglich über Fachkenntnisse zum Umgang mit Konditoreiwaren verfügt und umgekehrt ein Konditor nicht über Fachkenntnisse im Umgang mit Fleischwaren.

Anforderungen zu Schulungsinhalten auf der Basis einer Rechtsverordnung zu formulieren, die an vielen Stellen mit „erforderlichenfalls“ und ähnlichen Formulierungen selbst abstrakt bleibt, ist schwierig umsetzbar. Die Anforderungen in der LMHV, Anhang 1, mussten sich daher auch auf die Aufzählung von Themengebieten beschränken, die allgemein für die Lebensmittelhygiene und die Schulung darin relevant sind.

Die Bundeswehr, als einer der größten Großküchenbetreiber seiner Zeit, hatte daher bereits Ende der 1990er-Jahre eine Arbeitsgruppe gebildet, die zur Konkretisierung der Zentralen Dienstvorschrift für die Lebensmittelhygiene Ausführungen zu den Schulungsinhalten zur LMHV § 4 in Verbindung mit Anlage 1 für das Küchenpersonal erarbeiten sollte.

Diese Ausarbeitung weiterer Ausführungen zu den Themengebieten der LMHV, Anlage 1, ist später in der Arbeitsgruppe „Fleisch- und Geflügelfleischhygiene und fachspezifische Fragen von Lebensmitteln tierischer Herkunft“ (AFFL) der Länderarbeitsgemeinschaft Verbraucherschutz als eine gute Ausarbeitung zum Thema anerkannt und empfohlen worden. Sie fand daher auch Eingang in die damalige Bearbeitung der DIN 10514 und hat dort bis heute als Anhalt für Schulungsthemen Bestand.

Lebensmittelunternehmer tragen die Verantwortung für die Lebensmittelhygiene in ihrem Betrieb und die zu erstellenden Verfahrensanweisungen. Auch heute noch stehen sie vor der Schwierigkeit, bei der Hygieneschulung einen konkreten Bezug zum eigenen Lebensmittelunternehmen herstellen zu müssen.

In den letzten 20 Jahren wurden zahlreiche Publikationen zum Thema Hygieneschulung veröffentlicht, manche davon sachliche Darstellungen und Hilfestellung, andere eher weniger hilfreich. Diese Schulungsvorlagen waren häufig allgemein und nicht betriebsbezogen, manche auch unvollständig oder viel zu überfrachtet mit Lerninhalten, die sich nicht auf die Grundforderungen bezogen. In anderen Publikationen interpretierten die Autoren die Bestimmungen nicht immer widerspruchsfrei zu den Rechtsnormen.

Zahlreiche Consultingunternehmen wurden gegründet, um die Lebensmittelunternehmer bei der Erfüllung ihrer Pflichten und Kontrollen zu unterstützen.

Die Mitglieder des Arbeitskreises NA 057-02-01-10 *AK* „Personalhygiene/ Schulung Hygieneschulung" sind schon seit der Ersterarbeitung von DIN 10514 stets der Ansicht, dass die **allgemeine** Hygieneschulung so gestaltet sein soll, dass sie

- für alle Mitarbeitenden verständlich ist,
- sich auf die konkreten Tätigkeiten des Personals an den Arbeitsplätzen bezieht,
- die Mitarbeitenden nicht überfordert und
- für die Lebensmittelunternehmer im Hinblick auf Umfang, Zeitaufwand und Wiederholungsturnus praktikabel ist.

Spezielle Hygieneschulungen zu einzelnen Sachverhalten sollten nur für die Personen erarbeitet und durchgeführt werden, die diese für ihre Tätigkeit benötigen und bereits über die erforderlichen Grundkenntnisse verfügen.

Die Rechtsverordnungen geben keine Zeitintervalle für die Wiederholung von Hygieneschulungen vor. Offensichtlich soll es eine Dauerverpflichtung sein, dafür zu sorgen, dass alle Mitarbeitenden grundsätzlich und ständig über das erforderliche Wissen verfügen und danach handeln.

Die DIN 10514 sieht eine jährliche Durchführung einer Hygieneschulung als geboten an. Die Lebensmittelunternehmer haben dabei die Flexibilität, die Hygieneschulung als allgemeine Routine wiederholend anzubieten, sie aufzuteilen in Schulungen z. B. für neue Mitarbeiter oder einzelne Gruppen oder Schulungen nach Thematik und Aktualität anzusetzen.

Da die Rechtsnormen viel Spielraum lassen und verschiedene Organisationen des Handels und der Wirtschaft für sich weitergehende Standards entwickelt haben, gibt es heute eine Vielzahl an Vorgaben aus unterschiedlichen Quellen, die Lebensmittelunternehmer der verschiedenen Branchen einbeziehen können.

Der DIN-Arbeitskreis hat entschieden, dass die DIN 10514 sich weiterhin ausschließlich an den Vorgaben der beiden Rechtsnormen orientiert und die internationalen Handelsstandards nicht berücksichtigt werden. Das ist auch insofern konsequent, weil sich diese teilweise sehr kleindetaillierten Standards immer an die Unternehmen eines Teilsektors richten. Es würde daher jede Ausarbeitung sprengen, wollte man alle Anforderungen für die gesamte Lebensmittelkette und alle Produkte von der Erzeugung bis zum Abverkauf formulieren.

Diese Kommentierung richtet sich erstrangig an die produzierenden Lebensmittelunternehmen, für die auch die LMHV zutreffend ist.

1.3 Vorbemerkungen zu Belehrungen nach dem Infektionsschutzgesetz und zur Unterweisung nach Arbeitsschutzgesetz zur Sicherheit und Gesundheit bei der Arbeit

Roland Sohmen

Der Lebensmittelunternehmer steht einer Fülle von regulativen Anforderungen gegenüber, die zwar jede für sich zu erfüllen ist und dennoch bei gleich gelagerten Themenfeldern effizient gemeinsam behandelt werden können. Die Hygieneschulung umfasst Aspekte, die zunächst auf die Lebensmittelsicherheit fokussieren, aber auch beim Infektionsschutz und Arbeitsschutz berücksichtigt werden müssen. Die Schädigung der Gesundheit einer Person richtet sich keinesfalls an den separaten Rechtsgebieten aus, im Gegenteil, die Zielstellung ist klar gesetzt: Alle Gefahren und Gefährdungen sollen umfassend minimiert bzw. ausgeschlossen werden.

Motivation unternehmerischen Handelns kann dabei sein, Sanktionen, Haftungsfragen oder kompensatorische Leistungen zu beherrschen. Darüber hinaus haben sich aber weitere Anfragen und Anforderungen in der soziokulturellen Weiterentwicklung der modernen Gesellschaften ergeben: Lebensmittelunternehmen müssen neben einem hohen Niveau an Sicherheit und Qualität in ihrem Angebot auch attraktiv für Beschäftige in ihrer Unternehmenskultur und für die Kunden fortschrittlich und gesundheitsorientiert sein.

Eine Voraussetzung dafür ist, dass regulative Vorgaben im praktischen Alltag ohne überbordenden Zusatzaufwand erfüllt werden. Die DIN 10514 sieht hier die Beschäftigten und ihre konkreten Verhaltensweisen und Handlungsvorgaben im Mittelpunkt. Beschäftigte, die für ihre Aufgabenstellung gut qualifiziert und motiviert werden, sind die erste wesentliche Säule für die Umsetzung der Anforderungen. Dabei spielen auch Aspekte der Sicherheit und des Gesundheitsschutzes eine wesentliche Rolle. Begrifflich wird dies durch sogenannte „Unterweisungen“ (s. a. ArbSchG [12], § 12) im Betrieb realisiert.

Unterweisungen, kurz umrissen, sind auf den jeweiligen Arbeitsplatz der Beschäftigten auszurichten und müssen erforderlichenfalls regelmäßig erfolgen. Veränderungen sind zu berücksichtigen. Erläuterungen, Erklärungen und

Anweisungen können Bestandteil einer Unterweisung sein, schließlich kann nur das, was verstanden wurde, auch beachtet und umgesetzt werden. Unterweisungen basieren auf der Gefährdungsbeurteilung des Betriebes und stellen sicher, dass die festgelegten Schutzmaßnahmen beachtet und umgesetzt werden.

Das Wissen um sensibilisierende Berufsstoffe und mögliche Schädigungen der Haut durch falsche Reinigungs- und Desinfektionsmaßnahmen, Hitze-, Kälteeinwirkungen oder irritative Stoffe bedeutet gleichermaßen auch Wissen über eine gute Basishygiene und den Schutz vor Infektionen am Arbeitsplatz – und kann nur tätigkeitsbezogen am Arbeitsplatz vermittelt werden. Kontaminationsrouten sicher auszuschließen ist für die Hygiene und den Arbeitsschutz gleichermaßen notwendig.

Gerade in Zeiten der Coronapandemie wurde deutlich, dass die Lebensmittelherstellung und die Abgabe von Lebensmitteln an den Endverbraucher in unserer Gesellschaft unverzichtbare, vitale und essenzielle Dienstleistungen darstellen. Anforderungen des Infektionsschutzes sind für den Bevölkerungsschutz gesetzlich im Infektionsschutzgesetz (IfSG) [13] vorgeschrieben, um Ausbreitungsszenarien frühzeitig zu verhindern oder eindämmen zu können. Der Charakter dieser gesetzlich vorgegebenen Maßnahmen ist zwingend.

Die erstmalige Ausübung gewerblicher Tätigkeiten mit bestimmten Lebensmitteln (nach IfSG, § 42 Abs. 2) setzt eine Bescheinigung des Gesundheitsamtes über die Belehrung zu den Tätigkeitsverboten und Erklärung der Person, dass ihr keine Tatsachen für ein Tätigkeitsverbot bekannt sind, voraus. Sie darf nicht länger als drei Monate zurückliegen. Für die weitere Ausübung dürfen in Folge weiterhin auch keine Anhaltspunkte für ein Tätigkeits- und Beschäftigungsverbot (IfSG, § 42) vorliegen. Das IfSG nimmt sowohl die Beschäftigten als auch die Lebensmittelunternehmer in die Pflicht, die Weiterverbreitung von Krankheitserregern zu verhindern und die dafür erforderlichen Maßnahmen umzusetzen. Hier empfiehlt es sich, das zuständige Gesundheitsamt möglichst frühzeitig einzubeziehen und in enger Abstimmung weiter voranzugehen. Im Rhythmus von zwei Jahren muss eine Folgebelehrung der Personen im Betrieb erfolgen, ihre Dokumentation zum Nachweis ist mit Blick auf mögliche Konsequenzen selbstredend erforderlich.

Die rechtliche Setzung mag auf den ersten Blick aufwendig und formalistisch wirken, ist aber bei näherem Hinsehen im Eigeninteresse des Lebensmittelunternehmers und seiner Beschäftigten. Salmonellen-, Norovirus- oder Chlamydien-Infektionen können Betriebe und Beschäftigte existenziell belasten.

2 Kommentar zu DIN 10514:2024-07

Das Wissen um die Zusammenhänge und Details der Hygiene in einem Betrieb ist die elementare Grundlage für sicheres Handeln und damit Garant für ein hohes Maß an Lebensmittelsicherheit der eigenen Produkte.

Der Lebensmittelunternehmer kennt seine Lebensmittelbetriebe am besten. Daher muss er die rechtlichen und fachlichen Anforderungen der Lebensmittelhygiene in seinem Unternehmen in Form von Verfahrensanweisungen und der Ausarbeitung eines umfassenden Managementsystems für Lebensmittelsicherheit (Food Safety Management System – FSMS) umsetzen.

DIN 10514 ist als Handlungsanleitung für die Lebensmittelunternehmen anzusehen, die dabei helfen soll, die rechtlichen Anforderungen zu erfüllen.

Diese Norm kann auch für die Durchführung von Schulungen durch eigenes Personal hilfreich sein und dazu dienen, den Anforderungskatalog für extern zu vergebende Schulungen zu präzisieren.

DIN 10514:2024-07 wurde hinsichtlich der Ergänzung der Verordnung (EG) Nr. 852/2004, Anhang II Kapitel XI a, ergänzt und an aktuelle Auffassungen zur Weiterentwicklung von Schulungsmaßnahmen angepasst.

Nachfolgend ist der Normtext der DIN 10514 absatzweise grau hinterlegt abgedruckt und wird im Anschluss an die Zitate erläutert. Hintergründe zur Erstellung des Normtextes erleichtern an manchen Stellen zusätzlich das Verständnis.

Der vollständige Normtext der DIN 10514:2024-07 ist im Anhang A.1 abgedruckt.

Andere Zitate aus Literaturquellen sind mit grauem Balken gekennzeichnet. Die Quellenangaben sind im Literaturverzeichnis im Anhang D.4 zu finden.

Vorwort

Dieses Dokument wurde vom Arbeitskreis NA 057-02-01-10 AK „Personalhygiene/Schulung" im Arbeitsausschuss NA 057-02-01 AA „Lebensmittelhygiene" des DIN-Normenausschusses Lebensmittel und landwirtschaftliche Produkte (NAL) erarbeitet.

Aktuelle Informationen zu diesem Dokument können über die Internetseiten von DIN (www.din.de) durch eine Suche nach der Dokumentennummer aufgerufen werden.

Änderungen

Gegenüber DIN 10514:2009-05 wurden folgende Änderungen vorgenommen:

a) Abschnitt „Normative Verweisungen“ aktualisiert und ergänzt;

b) Abschnitt 3 „Begriffe“ wurde aktualisiert und unter anderem der Begriff „Lebensmittelsicherheitskultur“ eingeführt;

c) inhaltliche Überarbeitung von Abschnitt 4 „Anforderungen“, unter anderem durch Aufnahme des Aspektes der Hygieneschulung im Rahmen der Lebensmittelsicherheitskultur;

d) Die Fortbildungsmaßnahmen wurden vom Anwendungsbereich ausgegrenzt;

e) Abschnitt 6 „Lebensmittelsicherheitskultur“ wurde neu aufgenommen;

f) Abschnitt „Literaturhinweise“ aktualisiert;

g) Norm redaktionell überarbeitet.

Einleitung

Das vorliegende Dokument steht im Zusammenhang mit der Verordnung (EG) Nr. 852/2004 des Europäischen Parlaments und des Rates vom 29. April 2004 über Lebensmittelhygiene sowie der Lebensmittelhygiene-Verordnung (LMHV) vom 8. August 2007.

Die Einleitung gehört formal nicht zum normativen Teil einer Norm. Sie soll eine erste Orientierung zu den Inhalten einer Norm geben. Dazu ist hier gleich in der Einleitung der Hinweis zu finden, dass sich diese Norm inhaltlich an den angegebenen Rechtsnormen orientiert.

Dieses Dokument dient zur Orientierung und hat zum Ziel, die Durchführung der betriebsspezifischen Schulungsmaßnahmen für alle Beschäftigten zu erleichtern. Für Hygieneschulungen (nachfolgend auch als „Schulungen“ bezeichnet) ist der Lebensmittelunternehmer verantwortlich.

Orientierung bedeutet, sich an einem Leitfaden auszurichten, nicht zwanghaft Inhalte wörtlich zu nehmen. Als Arbeitshilfe soll die Norm die Umsetzung in eine Hygieneschulungsplanung und deren Durchführung erleichtern sowie die Vorgaben der Rechtsnormen allgemein verständlich erklären.

Das Dokument ist als Handlungsanleitung für die Lebensmittelunternehmen zu verstehen. Neu aufgenommen wurde der Aspekt der Hygieneschulung im Rahmen der Lebensmittelsicherheitskultur.

Der angeführte neue Aspekt für Schulungsinhalte bezieht sich auf die o. a. Ergänzung der Verordnung (EG) Nr. 852/2004, Anlage II Kapitel XI a, mit der der Begriff der „Lebensmittelsicherheitskultur" eingeführt wurde.

Zur Organisationserleichterung können die Belehrung nach § 43 Absatz 4 Infektionsschutzgesetz (IfSG) oder Unterweisungen zum Arbeitsschutz gemeinsam mit Hygieneschulungen durchgeführt werden.

Dieser Text ist ein Hinweis, der eine Organisationserleichterung für die Unternehmen beschreibt, die neben der Hygieneschulung auch weitere Maßnahmen durchführen müssen.

Diesem Dokument kann freiwillig gefolgt werden, um den Umfang und die Inhalte angemessener Schulungsmaßnahmen zu erkennen und einzuleiten.

Die Anwendung einer Norm ist nie verpflichtend. Normen geben aber den Stand der Technik und Wissenschaft wieder und sind, sofern sie als Leitlinie anerkannt werden, eine Bezugsquelle, auf die man sich verlassen und verweisen kann.

Das Dokument ist allgemein für alle Branchen der Lebensmittelwirtschaft formuliert und gilt für Lebensmittelunternehmen, unabhängig von Art und Größe. Schulungsmaßnahmen sind jedoch ganz auf die jeweiligen betrieblichen Gegebenheiten, die Art der Produkte und Prozesse, die Qualifikation der Personen und die Hygienerelevanz ihrer Tätigkeiten abzustellen. Schulungen dienen der Vermittlung und dem Verständnis betrieblicher Hygienemaßnahmen und fördern den Beitrag der Beschäftigten zum vorbeugenden gesundheitlichen Verbraucherschutz. Die Schulungen sollten möglichst praxisnah und für die Beschäftigten verständlich sein. Dieses Dokument kann dabei Hilfestellung geben.

Wie bereits in den Vorbemerkungen der Autoren angesprochen, ist der Hintergrund dieses Absatzes der Einleitung die grundlegende Aussage, dass jedes

Lebensmittelunternehmen, unabhängig davon, was produziert oder gehandelt wird (Art und Größe), Hygieneschulungen machen muss. Da die Lebensmittelbranche insgesamt sehr facettenreich ist und diese Varianz und die daraus resultierenden Anforderungen nicht im Rechtstext dargestellt sind und auch in keine Norm gefasst werden können, kann DIN 10514 nur ein Leitfaden sein. Die Flexibilität der Anforderungen ergibt sich aus der Formulierung „sind jedoch ganz auf die jeweiligen betrieblichen Gegebenheiten, die Art der Produkte und Prozesse, die Qualifikation der Personen und die Hygienerelevanz ihrer Tätigkeiten abzustellen“. Es gibt demnach nicht die eine Hygieneschulung, sondern betrieblich angepasste, eigene Hygieneschulungsmaßnahmen. DIN 10514 gibt zur Erstellung des betriebseigenen Schulungskonzeptes Hilfestellungen.

Der Arbeitskreis war bei der Erarbeitung bemüht, alle Formulierungen genderneutral zu gestalten. Da bei Rechtstexten bislang ausschließlich das generische Maskulinum verwendet wird, konnte bei derartigen Zitaten keine genderneutrale Sprache verwendet werden.

Dies gilt auch für diesen Kommentar. Begriffe aus Rechtsnormen, die dort bestimmt sind, wie „Lebensmittelunternehmer“ dürfen nicht gegendert werden und werden es auch hier nicht. Der deutsche Rechtschreibduden als Grundlage für die Schreibweise und Bedeutung von Wörtern schreibt keinen geschlechtergerechten Sprachgebrauch vor. Die Autoren haben sich entschieden, auf einen durchgehenden Gebrauch genderneutraler Formulierungen zu verzichten. Gleichwohl verwenden sie z. B. anstelle von „Mitarbeiter und Mitarbeiterinnen“ den genderneutralen Begriff der „Mitarbeitenden“, der sich im alltäglichen Sprachgebrauch bereits etabliert hat.

1 Anwendungsbereich

Dieses Dokument ist anwendbar für die Planung und Durchführung von Hygieneschulungen und legt Anforderungen für diese Schulungsmaßnahmen fest. Zweck des Dokuments ist es, den für die Schulung Verantwortlichen eine Anleitung zu geben.

Im Anwendungsbereich (englisch: „scope“) ist formuliert, wofür die spezifische Norm exakt gelten soll. Dieser erste normative Abschnitt einer Norm greift in der Regel den in der Einleitung formulierten Zweck der Norm auf und konkretisiert ihn. So wird hier gesagt, dass diese Norm eine Anleitung für die Planung und Durchführung von Hygieneschulungsmaßnahmen darstellt, jedoch keine Schulungsinhalte als solche festlegt.

Die Schulung der im Lebensmittelbereich Beschäftigten dient der Vermittlung der notwendigen fachlichen und tätigkeitsbezogenen Kenntnisse und Fertigkeiten zur Vermeidung und Beherrschung möglicher Gefahren für die Lebensmittelsicherheit, die beim Herstellen, Behandeln und Inverkehrbringen auftreten können.

Schulung ist zunächst die Vermittlung notwendiger Fachkenntnisse, hier das **Basiswissen** zur Lebensmittelhygiene und zur Produktion von Lebensmitteln, über welches jeder Beschäftigte eines Lebensmittelunternehmens verfügen sollte. Da dieses Basiswissen nicht bei allen Mitarbeitenden gleichermaßen vorausgesetzt werden kann, muss es im Bedarfsfall durch Schulung erworben, erweitert und vertieft werden.

Dazu kommen vertiefend **spezielle Kenntnisse und Fertigkeiten**, welche die zu Schulenden an ihrem Arbeitsplatz für ihre Tätigkeit benötigen. Da die Arbeitsplätze in einem Unternehmen sehr unterschiedliche Tätigkeiten definieren, ist eine gezielte Schulung erforderlich. Personen aus dem Lagerbereich müssen die Verfahrensanweisungen für die Lagerung unterschiedlicher Lebensmittel kennen, Küchenmitarbeiter über die Vorgaben der hygienischen Produktion Bescheid wissen. Insbesondere die Tätigkeiten mit Umgang mit unverpackten Lebensmitteln tierischen Ursprungs in der Vorbereitung und Produktion müssen mit hygienischen Fachkenntnissen durchgeführt werden.

Warum spezielle Kenntnisse notwendig sind, wird aus dem zweiten Teil des Satzes „zur Vermeidung und Beherrschung möglicher Gefahren für die Lebensmittelsicherheit, die beim Herstellen, Behandeln und Inverkehrbringen auftreten können“ betont. Gerade diese Forderung ergab in der nationalen Auswertung der Vorgaben das Bedürfnis, die Anforderungen an Fachkenntnisse für den Umgang mit bestimmten Lebensmitteln in einer eigenen Vorschrift, der „Verordnung über Anforderungen an die Hygiene beim Herstellen, Behandeln und Inverkehrbringen von Lebensmitteln“ (Lebensmittelhygiene-Verordnung – LMHV) [11], detailliert vorzugeben.

Sie zeigt u. a. die Vermeidung von Fehlverhalten im Hygienebereich auf, vermittelt die Inhalte der Guten Hygienepraxis (GHP) und fördert die Motivation zum hygienischen Handeln im Zusammenhang mit der Lebensmittelsicherheitskultur.

Wer ohne Fachkenntnisse mit Lebensmitteln umgeht, kann durch fehlerhaftes Handeln Gefahren hervorrufen, vergrößern oder deren Beherrschung erschweren. Die Schulungen sollen dazu dienen, Fehlverhalten des Personals bei der Tätigkeit, aber auch im ganzen Hygienebereich, also im Bereich der Personalhygiene, und dem Verhalten insgesamt im Betrieb zu vermeiden. Das umfasst weit mehr als die o. a. spezielle tätigkeitsbezogene Hygieneschulung: Arbeitsbekleidung inkl. Kopfbedeckung, Schmuck-Trageverbot, Händehygiene, Regelungen zum Tragen von Handschuhen, Regeln für den Wechsel von unreinen zu reinen Bereichen und Wechsel zwischen Tätigkeitsbereichen oder Hygienezonen sind einige Themen, die solche speziellen Schulungsinhalte sein sollten.

Gebote und Verbote funktionieren besser, wenn das Personal deren Hintergründe kennt und verinnerlicht hat, warum das so sein muss. Daraus resultieren Verständnis und Motivation für das eigene Handeln. Die Europäische Kommission fordert von den Lebensmittelunternehmern, eine solche Lebensmittelsicherheitskultur aufzubauen, die davon getragen wird, dass alle Beschäftigten motiviert die Verfahrensanweisungen des eigenen Lebensmittelsicherheitssystems mittragen und befolgen. Dazu gehört auch die Vorbildfunktion! Das Zutrittsverbot für Betriebsfremde, das Tragen geeigneter Arbeitsbekleidung, Schutzkleidung und Kopfbedeckung – auch durch Vorgesetzte! – sind solche Zeichen der Lebensmittelsicherheitskultur.

Fortbildungsmaßnahmen zur Erweiterung und Vertiefung von Fachkenntnissen sowie erforderliche Schulungen des Personals, welches mit der Entwicklung und ständigen Unterhaltung des Qualitätsmanagementsystems beauftragt ist, sind nicht Gegenstand dieses Dokumentes.

Die in der Norm behandelte Hygieneschulung ist eine Schulungsmaßnahme nach den Bestimmungen der Verordnung (EG) Nr. 852/2004, Anhang II Kapitel XII Nr. 1. Danach haben Lebensmittelunternehmer zu gewährleisten, dass ...

„Betriebsangestellte, die mit Lebensmitteln umgehen, entsprechend ihrer Tätigkeit überwacht und in Fragen der Lebensmittelhygiene unterwiesen und/oder geschult werden.“

Diese rechtliche Forderung ist umfassend, aber auch unbestimmt, was die Details betrifft. Sie fordert zunächst eine Überwachung der Tätigkeiten des Personals. Überwachung im Sinne von Aufsicht ist nicht Gegenstand der DIN 10514, kann aber im Resultat dazu führen, dass erkannte Fehler durch eine Hygieneschulung korrigiert werden müssen. DIN 10514 fußt allein auf den rechtlichen Anforderungen an Hygieneschulung.

Verschiedene Standards, z. B. die von der Global Food Safety Initiative (GFSI), einer Organisation des weltweiten Einzelhandels, anerkannten, aber auch vertragsrechtliche Standards (wie IFS, BRC), geben ebenfalls Vorschriften zu Schulungsmaßnahmen heraus. Diese sind nicht Teil der Normung.

Die daraus resultierenden Schulungsmaßnahmen können aber inhaltlich identisch/teilidentisch sein.

Der zweite Aspekt der rechtlichen Vorgabe ist die umfassende Formulierung der „Fragen der Lebensmittelhygiene“. Dazu zunächst die Begriffsbestimmung von „Lebensmittelhygiene“ in der europäischen Rechtsnorm Verordnung (EG) Nr. 852/2004, Artikel 2 Absatz 1 Buchstabe a):

> *„Lebensmittelhygiene“ (im Folgenden „Hygiene“ genannt) die Maßnahmen und Vorkehrungen, die notwendig sind, um Gefahren unter Kontrolle zu bringen und zu gewährleisten, dass ein Lebensmittel unter Berücksichtigung seines Verwendungszwecks für den menschlichen Verzehr tauglich ist.*

Es wird deutlich, dass die Forderung an eine Lebensmittelhygieneschulung sehr weit gefasst ist.

Das BfR führt zum Begriff der „Lebensmittelhygiene“ aus [14]:

> Hygiene bezeichnet alle Maßnahmen, die der Verderbnis von Lebensmittelerzeugnissen vorbeugen, die Übertragung von Infektionskrankheiten vermeiden helfen oder die Belastung der Verbraucherinnen und Verbraucher mit Rückständen und Schadstoffen eindämmen. Reinigung, Desinfektion und Sterilisation dienen beispielsweise der Reduktion der Kontamination mit Mikroorganismen.

Berücksichtigt man das alles im Grundsatz für Hygieneschulungsmaßnahmen, stellt sich an dieser Stelle die Frage, was dann noch Inhalt von Fortbildungsmaßnahmen und Fachschulungen sein kann.

Fortbildungsmaßnahmen sind Maßnahmen, die vorhandene Fachkenntnisse auf einem Gebiet erweitern oder vertiefen sollen. Das sind individuelle Maßnahmen, die im Zuge beruflicher Fort- und Weiterbildung für Angehörige des Personals geplant werden. Sie richten sich nicht nach den rechtlichen Forderungen zur Hygieneschulung, auch dann nicht, wenn sie Themen aus einem bestimmten Bereich der Lebensmittelhygiene beinhalten.

Die Fortbildungsmaßnahmen werden daher durch den letzten Absatz aus dem Geltungsbereich der Norm zur allgemeinen Hygieneschulung ausgegrenzt.

Für die Schulung nach Verordnung (EG) Nr. 852/2004, Anhang II Kapitel XII Nr. 2, müssen Lebensmittelunternehmer gewährleisten, dass ...

> die Personen, die für die Entwicklung und Anwendung des Verfahrens nach Artikel 5 Absatz 1 der vorliegenden Verordnung oder für die Umsetzung einschlägiger Leitfäden zuständig sind, in allen Fragen der Anwendung der HACCP-Grundsätze angemessen geschult werden.

Die Durchführenden von Schulungen benötigen für die Konzeption, Erstellung und kontinuierliche Anpassung von Maßnahmen demnach ein vertieftes Wissen für die Konzeption, Erstellung und kontinuierliche Anpassung von Maßnahmen des HACCP-Konzeptes.

In Bezug auf die Bekanntmachung der Europäischen Kommission zur Thematik aus dem Jahre 2022 [15] sollte man heute neben dem eigentlichen HACCP-Konzept auch alle anderen Planungen, Konzeptionen und Umsetzungen der Konzepte im betriebseigenen Managementsystem für Lebensmittelsicherheit (FSMS) miterfassen. Das bedeutet für den Lebensmittelunternehmer, dass er, seine Führungskräfte, die Beauftragten für Hygiene und Betriebsmanagement usw. weit mehr Wissen in diesem Bereich erlangen und regelmäßig aktualisieren müssen als die anderen Mitarbeitenden im Betrieb.

Diese Bestimmung der Verordnung (EG) Nr. 852/2004 über Lebensmittelhygiene steht zwar im Kapitel XII „Schulung“, hat aber – daher abgegrenzt in Satz 2 – andere Inhalte und richtet sich an ebendiesen speziellen Personenkreis, weshalb sie nicht in der DIN 10514 miterfasst wird. In der Norm zur Hygieneschulung werden beispielsweise die Inhalte einer Verfahrensanweisung zu einem kritischen Lenkungspunkt (CCP) „Garen“ mit Hintergrundinformation zur Mikrobiologie und Technologie abgehandelt, aber nicht der organisatorische Aufbau im FSMS.

2 Normative Verweisungen

Die folgenden Dokumente werden im Text in solcher Weise in Bezug genommen, dass einige Teile davon oder ihr gesamter Inhalt Anforderungen des vorliegenden Dokuments darstellen. Bei datierten Verweisungen gilt nur die in Bezug genommene Ausgabe. Bei undatierten Verweisungen gilt die letzte Ausgabe des in Bezug genommenen Dokuments (einschließlich aller Änderungen).

DIN 10503, *Lebensmittelhygiene — Begriffe*

Abschnitt 2 „Normative Verweisungen“ ist durch die Bestimmungen zur Normierung in DIN 820-1:2022-12 [16] vorgegeben. Danach besteht eine Norm stets mindestens aus den Abschnitten 1 bis 4, die auch die Abschnitte 1 bis 4 der DIN 10514 bilden. Sinn von Abschnitt 2 ist die Verhinderung von Widersprüchen in den Normen, wenn mehrere Normen zu einem Sachverhalt gehören.

In den letzten Jahren hat der Arbeitsausschuss Lebensmittelhygiene dazu mit der DIN 10503 „Lebensmittelhygiene – Begriffe“ einheitliche Vorgaben für wesentliche Begriffe im Bereich der Lebensmittelhygiene-Normung geschaffen. Mit DIN 10508 „Lebensmittelhygiene – Temperaturen für Lebensmittel“ ist seit ihrer Erstausgabe eine zentrale Norm als Sammlung und Festlegung einheitlicher Anforderungen für alle Temperaturen, die für die Lagerung, den Transport und den Umgang mit Lebensmitteln in Rechtsnormen bestimmt sind oder vom DIN-Arbeitskreis einheitlich empfohlen werden, geschaffen worden. Eine weitere Norm, die zentral gelten soll, ist DIN 10516 „Lebensmittelhygiene – Reinigung und Desinfektion“.

Für die vorliegende DIN 10514 wird auf DIN 10503 verwiesen. Im Anhang A.2 sind diese Begriffe in der kommentierten Fassung abgedruckt [18].

Früher wurden an dieser Stelle auch andere Normen aufgelistet, die möglicherweise zur Thematik inhaltliche Beiträge liefern könnten. DIN 820 ist jetzt jedoch stringenter gefasst, sodass die Hinweise auf andere Normen unter dem Abschnitt „Literaturhinweise“ zu finden sind.

In älteren Normen stehen hier in Abschnitt 2 auch die einschlägigen Rechtsnormen. Da das Recht nicht mitgeltend ist, sondern die Grundlage der Norm bildet, ist die Zuordnung hier nicht (mehr) korrekt. Auch alle relevanten Rechtsbezüge findet man jetzt bei den Literaturhinweisen am Ende jeder Norm gelistet.

3 Begriffe

Für die Anwendung dieses Dokuments gelten die Begriffe nach DIN 10503 und die folgenden Begriffe.

Wie bereits dargestellt, gilt DIN 10503 mit seinen Begriffsbestimmungen auch für diese Norm. Um eine „Doppelnormung" zu vermeiden, nimmt man bei den Begriffsbestimmungen mit dem einleitenden Satz Bezug auf die Norm, die zugrunde liegt.

Ergänzend verweist die Norm auf Fundstellen für terminologische Datenbanken.

DIN und DKE stellen terminologische Datenbanken für die Verwendung in der Normung unter den folgenden Adressen bereit:

- DIN-TERMinologieportal: verfügbar unter https://www.din.de/go/din-term
- DKE-IEV: verfügbar unter https://www.dke.de/DKE-IEV

Obwohl DIN 10514 für die Begriffsbestimmung grundsätzlich auf DIN 10503 verweist, werden in Abschnitt 3 zur besseren Lesbarkeit und aus Gründen der Benutzerfreundlichkeit für einige Begriffe aus DIN 10503, die für diese Spezialnorm von besonderer Bedeutung sind, Bestimmungen vorgenommen. Es ist auch – soweit erforderlich – zulässig, diese Begriffe zu modifizieren, wenn das unterhalb des Begriffs entsprechend kenntlich gemacht wird.

Abschnitt 3 beinhaltet weitere Begriffe, die der Arbeitskreis zum Verständnis der Norm definiert hat. Dazu gehören z. B. die Begriffe „Belehrung" und „Schulung", um sie voneinander abzugrenzen.

Diese Begriffsbestimmungen können aus Rechtsverordnungen, anderen Normen oder anderen als allgemeingültig angesehenen Quellen stammen, die jeweils unter dem Begriff als Fundstelle angegeben werden.

3.1

Belehrung

Vermittlung von personal- und lebensmittelhygienischen Kenntnissen – einzeln oder in einer Gruppe –, insbesondere der spezifischen Rechte und Pflichten, die sich aus dem IfSG § 43 Absatz 4 ergeben, in schriftlicher oder mündlicher Form, ohne eine Wissenskontrolle

Anmerkung 1 zum Begriff: Die Erstbelehrung erfolgt gemäß IfSG § 43 Absatz 1 Satz 1 Nr. 1 vor erstmaliger Arbeitsaufnahme durch das Gesundheitsamt oder einen vom Gesundheitsamt beauftragte/n Arzt oder Ärztin.

Anmerkung 2 zum Begriff: Der Begriff Belehrung gemäß IfSG § 43 Absätze 1 und 4 wird in der Praxis als Folgebelehrung für die rechtlich vorgeschriebene Wiederholung der Belehrung verwendet.

Die Belehrung über Rechte und Pflichten ist im Rahmen von Informationen in einzelnen Rechtsgebieten bekannt. Der Begriff wird genutzt, um eine rechtliche Bindung zu definieren, die bei Zuwiderhandlung auch rechtlich geahndet werden kann. Zeugen werden zum Beispiel belehrt, dass sie vor Gericht die Wahrheit sagen müssen.

Den Begriff findet man für den Lebensmittelbereich im Infektionsschutzgesetz (IfSG). Hier hat er die Bedeutung, die zu Belehrenden rechtlich aktenkundig zu verpflichten, die Bestimmungen des IfSG zu beachten und einzuhalten.

Siehe hierzu auch Anhang C.1 mit Ausführungen zur inhaltlichen Abgrenzung der Begrifflichkeiten im Themenbereich Schulung.

3.2

Schulung

lernzielorientiertes Unterweisen, Einweisen oder Unterrichten von Personen – einzeln oder in einer Gruppe – zur Vorbereitung auf bestimmte Tätigkeiten oder Verhaltensweisen und zur Vertiefung bereits erworbener Kenntnisse und Fähigkeiten

Diese allgemeine Definition von „Schulung“ gilt in allen Bereichen, also auch für die Hygieneschulung. In der Einleitung wurde bereits darauf hingewiesen, dass in dieser Norm „Schulung“ synonym für „Hygieneschulung“ steht. Das bedeutet, dass es immer um Hygieneschulung im Sinne dieser Definition geht.

3.3

geeignetes Schulungspersonal

interne oder externe ausreichend sachkundige Personen

Die Verordnung (EG) Nr. 852/2004 über Lebensmittelhygiene fordert vom Lebensmittelunternehmer, dafür zu sorgen, dass das Personal geschult wird. Es gibt keine Bestimmungen, wer diese Schulungen vornehmen soll. Der DIN-Arbeitskreis ist der Auffassung, dass die Personen, die Schulungen durchführen, hierfür geeignet sein müssen. Neben der persönlichen Eignung (pädagogische Fähigkeiten, Rhetorik, Sprachkenntnissen u. a.) ist für eine Hygieneschulung unabdingbar, dass die Personen sachkundig sein müssen. Das Adjektiv „fachkundig“ wurde nicht gewählt, da das Schulungspersonal nicht übergreifend und umfassend über Fachkenntnisse, sondern nur für die zu behandelnden Themen über eine ausreichende Sachkunde verfügen muss. So kann z. B. eine Schulung zu Reinigung und Desinfektion auch von Mitarbeitern einer Lieferfirma, eines Herstellers von Chemieprodukten für den Lebensmittelbereich oder dem Hygienebeauftragten des Betriebes durchgeführt werden, ohne dass diese über weiterreichende, detaillierte Fachkenntnisse im Umgang mit den speziellen Rohstoffen oder Lebensmitteln und deren Produktion verfügen müssen.

Andererseits soll mit dieser Anforderung verhindert werden, dass jemand ohne Sachkunde durch „Handauflegen“ ernannt wird, eine Hygieneschulung durchzuführen.

3.4

geeignetes Schulungsmaterial

Material mit fachspezifischen Inhalten, das zur Unterweisung, Einweisung oder Unterrichtung von Personen dient

Dieser Begriff wird nachfolgend von Bedeutung sein, um eine heute zeitgemäße, auf die besonderen Bedürfnisse des Betriebes und seiner Beschäftigten zugeschnittene Auswahl an Schulungsmaterialien zu finden.

3.5

Personal

Beschäftigte

Personen, die im Rahmen ihrer betrieblichen Tätigkeit mit Lebensmitteln umgehen

Personal, Beschäftigte oder Mitarbeitende: Es handelt sich immer um den Personenkreis, der in einem Lebensmittelunternehmen arbeitet. Dabei ist es unerheblich, ob diese Personen beim Unternehmen selbst oder einem Subunternehmer beschäftigt sind.

Dienstleister für die Reinigung von Gebäuden gehören nicht zu den Beschäftigten, die mit Lebensmitteln umgehen. Das sollte aber nicht bedeuten, dass diese Personen, wenn sie im Hygienebereich eingesetzt werden, über das hygienische Verhalten in einem Lebensmittelunternehmen nicht Bescheid wissen. Die verantwortliche Umsetzung einer Hygieneschulung auch für dieses Personal ist in einer vertraglichen Vereinbarung zwischen dem Lebensmittelunternehmer und dem Dienstleister festzulegen.

3.6

Basishygienemaßnahme

PRP, en: prerequisite program

Präventivprogramm

grundlegende Anforderungen und Maßnahmen, die gegeben sein müssen, um die Sicherheit der Lebensmittel auf allen Stufen der Lebensmittelkette sicherzustellen

Anmerkung 1 zum Begriff: Basishygiene umfasst als Komponenten u. a. eine Gute Hygienepraxis und eine Gute Herstellungspraxis.

Anmerkung 2 zum Begriff: PRPs bilden die Grundlage für eine wirksame Umsetzung der HACCP-Grundsätze und sollten bereits vor der Einführung HACCP-gestützter Verfahren eingerichtet worden sein. Die angewandten PRPs müssen der Art und Größe des Betriebs angemessen sein.

Anmerkung 3 zum Begriff: Gemeinsame Maßnahmen, z. B. für Reinigung und Desinfektion, können in einem Präventivprogramm zusammengefasst werden.

Anmerkung 4 zum Begriff: Eine umfassende – aber nicht abschließende – Auflistung von Basishygienemaßnahmen ist der Bekanntmachung der EU-Kommission zur Umsetzung von Managementsystemen für Lebensmittelsicherheit zu entnehmen.

Anmerkung 5 zum Begriff: Zur Definition siehe auch DIN EN ISO 22000.

[QUELLE: DIN 10503:2022-03, 3.3.2]

Diese Begriffsbestimmung wurde entsprechend der ursprünglichen Definition in DIN EN ISO 22000 [19] in der DIN 10503 [17] festgelegt. Anmerkung 5 und die Quellenfundstelle geben die Hinweise darauf.

In der Bekanntmachung der Kommission zur Umsetzung von Managementsystemen für Lebensmittelsicherheit von 2022 findet man zwar auch Ausführungen hierzu, die Normung stützt sich aber in solchen Fällen auf die Originalfundstelle, hier die DIN EN ISO 22000. Da aber sowohl die dortige Begriffsbestimmung als auch die Erläuterungen sehr umfänglich sind und nicht zu den Vorgaben für eine Begriffsbestimmung nach DIN 820 passen, wurde der Begriff in DIN 10503 so bestimmt und durch Anmerkungen entsprechend der hier erforderlichen Inhalte erläutert.

„Basishygiene“ ist in Deutschland ein schon seit Jahrzehnten eingeführter Begriff. Was früher schon immer als Grundlage für hygienisches Produzieren angesehen wurde, ist durch die Normung in der DIN EN ISO 22000 als „Präventivprogramm“ (PRP) benannt worden.

DIN EN ISO 22000:2018-09, Abschnitt 8.2.4, führt dazu aus:

Bei der Festlegung des (der) PRP(s) muss die Organisation Folgendes berücksichtigen:

a) die Ausführung und Anordnung von Gebäuden und zugehörigen Versorgungseinrichtungen;

b) die Anordnung der Betriebsgebäude, einschließlich Zoneneinteilung, Arbeitsplätzen und Personaleinrichtungen;

c) die Zufuhr von Luft, Wasser und Energie und andere Versorgungseinrichtungen;

d) Schädlingsbekämpfung, Abfall- und Abwasserentsorgung sowie unterstützende Leistungen;

e) die Eignung der Ausrüstung und deren Zugänglichkeit für Reinigung und Wartung;

f) Genehmigungs- und Sicherungsprozesse der Zulieferer (z. B. Rohstoffe, Zutaten, Chemikalien und Verpackungsmaterialien);
g) den Empfang von eingehenden Materialien, Lagerung, Versand, Transport und Handhabung von Produkten;
h) die Maßnahmen zur Verhinderung einer Kreuzkontamination;
i) Reinigung und Desinfektion;
j) die Personalhygiene;
k) Produktinformationen/Verbraucherbewusstsein;
l) gegebenenfalls andere relevante Aspekte.

Wie man sieht, werden einige Basishygienethemen zusammengefasst. Schädlingsbekämpfung und Abfallentsorgung sind in Deutschland getrennt aufgeführte Themengebiete.

Sauberkeit ist in unserem Verständnis eine hygienische Grundlage. Die Reinigung als Maßnahme wird hier zum Oberbegriff des dazugehörigen Präventivprogramms. Die Maßnahmen Reinigung und Desinfektion können wie gewohnt auch weiterhin zusammengefasst werden (siehe DIN 10514, Abschnitt 3.6, Anmerkung 3).

Die Punkte a) bis c) beschreiben die Betriebsinfrastruktur und Installationen, Einrichtung und Medienversorgung. In jedem Lebensmittelbetrieb sind Trinkwasserversorgung, Abwasser und Abfall wichtige Prüfpunkte bei Betriebsbesichtigungen. Ein besonders wichtiger Punkt ist die Kälteversorgung. In der Regel gibt es hierzu zentrale Kältekompressoren und ein Leitungssystem. Das sind zwar alles Punkte, die für die Basishygiene wichtig, aber nur für einen sehr kleinen Teil des Managements von Belang sind und deshalb nicht Gegenstand von Personal-Hygieneschulungen im Sinne dieser Norm sind.

Die in der Begriffsbestimmung angesprochenen PRPs haben dazugehörige Kontrollpunkte (Hygienekontrollpunkte, kurz HKP; nicht kritische Lenkungspunkte, kurz CCP!). PRPs sind vorab zu bestimmen, um danach und darauf basierend das HACCP-System des Betriebes zu definieren.

Zur Basishygiene werden mit Anmerkung 1 zwei weitere Begriffe eingeführt: „Gute Hygienepraxis" (GHP) und „Gute Herstellungspraxis" (GMP). Beide Begriffe aus der Lebensmittelhygiene, die durch diese Anmerkung Teil der Basishygienedefinition werden, sind selbst definitionswürdig. In der Bekanntmachung der EU Kommission zur Umsetzung von Managementsystemen für Lebensmittelsicherheit von 2022 [15] wird dazu folgende Begriffsbestimmung geliefert:

Gute Hygienepraxis (GHP): Grundlegende Maßnahmen und Bedingungen, die auf allen Stufen der Lebensmittelkette angewendet werden, um sichere und geeignete Lebensmittel gewährleisten zu können. GHP umfassen auch die gute Herstellungspraxis (GMP – Good Manufacturing Practice, die auf die richtigen Arbeitsmethoden abstellt, z. B. richtige Dosierung der Zutaten, angemessene Verarbeitungstemperatur, Prüfung der Sauberkeit und Unversehrtheit der Verpackungen), die gute landwirtschaftliche Praxis (GAP – Good Agricultural Practices, z. B. Verwendung von Wasser angemessener Qualität, Rein-Raus-System in der Tierhaltung), die gute tierärztliche Praxis (GVP – Good Veterinary Practice), die guten Produktionsverfahren (GPP – Good Production Practice), die gute Vertriebspraxis (GDP – Good Distribution Practice) und die gute Handelspraxis (GTP – Good Trading Practice).

GMP und GHP sind Themen von Hygieneschulung, allerdings nur jeweils im Detail spezifiziert für die betreffenden Arbeitsplätze und Tätigkeiten. Sie werden durch den Lebensmittelunternehmer in Verfahrensanweisungen umgesetzt und angeordnet.

Die Europäische Kommission stellt, wie auch die DIN EN ISO 22000, darauf ab, dass man für alle Hygienemaßnahmen vorher eine Gefahrenanalyse und Risikobewertung durchführt. Nähere Ausführungen hierzu findet man in DIN 10503 und im Anhang A.2 dieses Kommentars bei den kommentierten Begriffsbestimmungen der DIN 10503.

Daraus resultierend wird der Aufbau eines Lebensmittelsicherheitssystems (engl. *Food Safety Management System*, kurz FSMS) in der DIN EN ISO 22000 umfänglich beschrieben.

Das Ergebnis der Gefahrenanalyse bildet für den Lebensmittelunternehmer die Grundlage, die Verfahrensanweisungen für die entsprechenden Basishygieneprogramme (PRPs) und soweit erforderlich zu veranlassende Sofortmaßnahmen zu formulieren bzw. anzuordnen.

Gemäß der Definition sind PRPs und GHP die Basis für die erfolgreiche Umsetzung eines HACCP-gestützten Systems. Damit gibt es hier auch einen Hinweis auf die Systematik eines FSMS hinsichtlich des Aufbaus, der Organisation und Umsetzung in die betriebliche Praxis.

Für die Hygieneschulung ergeben sich aus den Basishygiene-, den Präventivprogrammen und der Feststellung der PRPs und CCPs die dazugehörigen Schulungsinhalte.

Die Europäische Kommission gibt in der Bekanntmachung von 2022 wichtige Hinweise für die flexible Anwendung der Vorschriften für kleine und mittlere Betriebe, die die Umsetzung in angepasster Form an die betriebliche Situation durchführen sollen.

3.7

Lebensmittelsicherheitskultur

gemeinsame Werte, Überzeugungen und Normen, die die Einstellung und das Verhalten der Beschäftigten in Bezug auf Lebensmittelsicherheit über die gesamte Organisation hinweg positiv beeinflussen

Es gibt bislang keine allgemeingültige Definition und keinen Deutungshorizont für diesen in das Recht aufgenommenen Begriff.

Aus den Ausführungen in der DIN EN ISO 22000, der Bekanntmachung der Europäischen Kommission von 2022 und der einschlägigen Fachliteratur hat der DIN-Arbeitskreis eine Begriffsbestimmung erarbeitet, was in dieser Norm darunter zu verstehen ist.

Bei der Erörterung des Norm-Entwurfes mit Vertretern der Bundesländer wurden von diesen weitere Ausführungen zum Begriff gefordert. Das wies der Arbeitskreis zurück, da es aus seiner Sicht primär Sache der Gesetzgebung und der Ministerien der Länder ist, eine erste Rechtsauslegung vorzunehmen, nicht die eines Normungsgremiums.

4 Anforderungen

4.1 Allgemeine Anforderungen

Die Anforderungen an Hygieneschulungen für das Personal basieren auf zwei Rechtsvorschriften:

- Allgemeine Hygieneschulungsthemen, siehe Verordnung (EG) Nr. 852/2004, Anhang II, Kapitel XII;
- Spezielle Schulungsinhalte für den Umgang mit leicht verderblichen Lebensmitteln, siehe LMHV, § 4 in Verbindung mit Anlage 1.

Diese Textstelle verweist auf die rechtlichen Grundlagen für Hygieneschulungen. Damit wird die Aussage aus Satz 1 der Einleitung in die Norm in Abschnitt 4 überführt und auf die Grundlage der Schulungspflicht verwiesen.

Der Abschnitt der allgemeinen Anforderungen bestimmt die Grundsätze einer Hygieneschulung und den dazugehörigen Rahmen.

Art und Umfang der Hygieneschulung richtet sich nach der Tätigkeit, dem Vorwissen und der Ausbildung des Personals unter Berücksichtigung der Hygienesituation und der Gefahrenanalyse im Betrieb.

Dieser Satz in Abschnitt 4.1 zu Art und Umfang gibt einen Hinweis darauf, dass die Hygieneschulung nicht eine Schulungsmaßnahme sein muss. Sie hat sich inhaltlich auszurichten an den Themen, die sich je nach der Art der Tätigkeit ergeben, und/oder dem Wissensstand des zu schulenden Personals. Der Wissensstand kann sich auf einzelne Personen beziehen oder auf spezifische Gruppen, wie z. B. alle Köche oder die Beschäftigten der Spülküche.

Darüber hinaus ist die Hygienesituation des Betriebes selbst ein wichtiges Thema einer Schulungsmaßnahme. Gibt es besondere Hinweise zur Basishygiene in einem Betrieb, aktuelle Defizite, die durch besondere Maßnahmen kompensiert werden sollen, oder ergaben sich aus der letzten Gefahrenanalyse spezielle Punkte, auf die speziell hinzuweisen ist, so sind diese in die Schulung mit aufzunehmen.

Es gibt also weder eine allgemeingültige Hygieneschulung, noch ist deren Art und Zeitansatz hier bestimmt worden.

Für die Hygieneschulung sollte ein betriebliches Schulungskonzept entwickelt werden. Danach kann ein Schulungsplan mit Themen für Personen/-gruppen erstellt werden.

Die Schulung muss erstmalig bei Aufnahme des Arbeitsverhältnisses und anschließend regelmäßig (mindestens 1 × im Jahr und zusätzlich bei Bedarf) unter Berücksichtigung der Hygienesituation und Gefahrenanalyse durchgeführt werden.

Konzepte beschreiben stets die anzuwendende Theorie. Sie beschreiben Inhalte, Zweck und daraus abgeleitete Anforderungen und Ziele. Die Planung ist der erste Schritt der Umsetzung in die Praxis. Daher begegnet man der Forderung nach Erstellung eines Handlungsplanes in vielen Themenfeldern der Lebensmittelhygiene.

Die Schulung

- muss erstmalig bei Aufnahme des Arbeitsverhältnisses und
- soll anschließend regelmäßig mindestens 1 × im Jahr und zusätzlich bei Bedarf

- unter Berücksichtigung der Hygienesituation und Gefahrenanalyse, ggf. inklusive aufgezeigter Defizite in der Umsetzung hygienischer Vorgaben, sowie den Personen/-gruppen zugeordneten Tätigkeiten

durchgeführt werden.

Die Ergebnisse der Gefahrenanalyse zu Tätigkeiten wie

- hygienischer Umgang mit Lebensmitteln,
- Gefahren, ausgehend von Rohstoffen und Produkten,
- Gefahren, bedingt durch die Art der Produkte,
- Stufe der Produktion,
- Rezepturen und Produktionsverfahren,
- verwendete Geräte und Maschinen usw.

ergeben die Basishygienethemen, die zu behandeln sind.

In der Regel sind im Ergebnis Kenntnisse

- zur Mikrobiologie,
- zu den Temperaturerfordernissen und zur Einhaltung der Kühlkette,
- zu Maßnahmen zur (Zwischen-)Reinigung und Desinfektion,

bezogen auf die konkreten Arbeitsschritte, Bestandteil von Schulungsmaßnahmen. Soweit erforderlich, müssen auch Fachkenntnisse geschult werden.

Diese Vorgehensweise ist unabhängig von der Betriebsart in der industriellen Herstellung, im Handwerk, den verarbeitenden Betrieben und der Gastronomie durchführbar.

Schulungsbedarf und -inhalte können sich auch beim Feststellen von fehlerhaftem Verhalten oder Hygienedefiziten ergeben. Während der täglichen Arbeit macht jeder Handwerksmeister, jeder Betriebs- oder Produktionsleiter, jeder Hygienebeauftragte und jeder Küchenleiter oder Küchenmitarbeitende etc. eigene Beobachtungen aus einem persönlich-fachlichen Blickwinkel. Als Gesamtbild ergibt sich daraus eine Bewertung, ob die Hygienevorgaben der GHP und GMP im Betrieb korrekt umgesetzt sind. Die Besprechung im Leitungsgremium dient hier zum Zusammentragen von Erkenntnissen.

Fehlerhaftes Hygieneverhalten der Beschäftigten ist entweder ein individuelles Problem oder hat systemische Ursache. Beides kann in einer Schulung thematisiert, diskutiert und im Resultat abgestellt werden.

Mögliche Bewertungen der Beobachtungen können sein:

- die Notwendigkeit einer sofortigen Fehlerkorrektur bei gravierenden Fehlern, die unmittelbar zu einer Gefährdung der Lebensmittelsicherheit führen,
- die Feststellung eines individuellen Fehlers, der durch eine persönliche Besprechung zu lösen ist, oder
- die Notwendigkeit eine Fehlerbesprechung, die in Form einer Schulung für alle Beschäftigten des Bereiches oder nur einer Untergruppe stattzufinden hat.

Auch bei einem systemischen Fehler in der Verfahrensanweisung muss die Korrektur allen Beschäftigten am besten in Form einer Schulungsmaßnahme vermittelt werden. Derartige Schulungsmaßnahmen sind nicht planbar. Sie sollten zeitnah erfolgen, können ggf. auch in Form einer kurzen Besprechung am Arbeitstag oder Folgetag durchgeführt werden. In diesen Fällen sollte man auch eine kurze schriftliche, formlose Dokumentation (Thema, Teilnehmende, Datum) verfassen und diese den Schulungsmaßnahmen beifügen.

Bei Saison- und Aushilfskräften sollte bei der Arbeitsaufnahme eine spezielle Schulung bezogen auf den Arbeitsplatz erfolgen.

Bei jeder Einstellung muss sich der Lebensmittelunternehmer informieren, welche beruflichen Kenntnisse und Fähigkeiten die Person mitbringt. Ungelernte Arbeitskräfte müssen entsprechend der Aufgabenstellung im Betrieb dafür umfänglich eingewiesen und geschult werden.

Berufserfahrene Fachkräfte, z. B. Meister und Gesellen mit Qualifikation und Berufserfahrung in der Lebensmittelherstellung, benötigen dagegen eventuell „nur“ eine Einweisung in betriebliche Gegebenheiten und die betrieblichen Verfahrensanweisungen zur Hygiene.

Saisonkräfte und Aushilfen sind in der Regel wie ungelernte Kräfte zunächst vor der Arbeitsaufnahme hinsichtlich der in ihrem Aufgabenbereich erforderlichen Aspekte der Personalhygiene sowie des allgemeinen hygienischen Verhaltens im Betrieb zu schulen und einzuweisen. Für Erstbelehrungen zur Hygiene kann man z. B. auf mehrsprachige Merkblätter des Bundesinstitutes für Risikobewertung (BfR) zurückgreifen, deren Bezugsquelle im Anhang C.3 dieses Kommentars zu finden ist. Dazu ergänzen sich dann die speziellen Verfahrensanweisungen des Betriebes. Bei Bedarf sollten diese durch einen Sprachendienst in die erforderlichen Sprachen übersetzt werden.

In dieser Norm zur Hygieneschulung werden die Hygiene-Anforderungen und rechtlichen Vorgaben an den Betrieb prinzipiell nicht behandelt. Aufgrund der engen thematischen Überschneidung kann die rechtliche Vorgabe zur „Schulung, Unterweisung und Belehrung“ aber nicht ganz unbehandelt bleiben.

Neueinstellungen und insbesondere ungelernte Hilfskräfte müssen nach IfSG (soweit die Erstbelehrung vorliegt) belehrt und nach den Bestimmungen des Arbeitsschutzes zur Arbeitssicherheit und zum Gesundheitsschutz unterwiesen werden.

Diese Erfordernisse greift die Norm im nachfolgenden Absatz auf und gibt hierzu organisatorische Hilfe.

Zur Organisationserleichterung können die Belehrung nach § 43 Absatz 4 Infektionsschutzgesetz (IfSG) oder Unterweisungen zum Arbeitsschutz gemeinsam mit Hygieneschulungen durchgeführt werden.

ANMERKUNG 1 Die Folgebelehrung ist nach Infektionsschutzgesetz in einem Intervall von 2 Jahren vorgesehen.

Die zu schulenden Beschäftigten können entsprechend ihrer Tätigkeit bzw. ihrer vorhersehbaren Tätigkeit beim Herstellen, Behandeln und Inverkehrbringen von Lebensmitteln möglichst in Gruppen erfasst werden. Dabei sollten die Ausbildung und Fachkenntnisse aus vorangegangenen Tätigkeiten des zu schulenden Personals berücksichtigt werden.

Während eingangs in Abschnitt Nr. 4 die organisatorischen Vorgaben eines betriebseigenen Schulungskonzeptes und des dazugehörigen Organisationselements Schulungsplan beschrieben wurden, richtet sich diese Anforderung an den Voraussetzungen der Beschäftigten aus.

Der Schulungsbedarf wird einerseits am konkreten Arbeitsplatz und den dort vorhersehbaren Tätigkeiten (siehe hierzu Abschnitt 4.2.) und andererseits an den beruflichen Ausbildungen, vorhandenen Fachkenntnissen und sonstigen zu berücksichtigenden Qualifikationen der Personen ausgerichtet. Diese Auswertung für die jeweiligen Beschäftigten kann man formalisiert wie folgt vornehmen und dokumentieren:

Beispiel

Erfassungsbogen Küchenpersonal

Name des Mitarbeiters/der Mitarbeiterin: Hans Mustermann

Arbeitsplatz: Zentralküche 1. Koch

Ausbildung: Koch

Anmerkungen: 4 Jahre Berufserfahrung bei ... als ...

Grundlagenkenntnisse nach EU-VO (EG) Nr. 852/2004 Anlage II Kapitel XII: ▢ ja ▢ nein

- Wenn ja: Nachweis für jährliche Hygieneschulung anlegen
- Wenn nein: Schulungsbedarf festlegen

Fachkenntnisse nach LMHV § 4 und Anlage 1: ▢ ja ▢ nein

- Wenn ja: Tabelle zur Übersicht der Fachkenntnisse ausfüllen (siehe unten)

IfSG § 43 ▢ ja ▢ nein

- Erstbelehrung: yyyy
- Nachweis für Belehrung alle zwei Jahre anlegen

Sonstiges ▢ ja ▢ nein (z. B. Einweisung in FSMS, Kühlkonzept, Havarieplan, Entscheidungskompetenz für ...)

Schulungsmaßnahmen: Gruppe Küchenmeister/Köche, Funktionspersonal FSMS HACCP

Weiterbildung: Einzuplanen für ....

Ergibt die erste Erfassung ein Ja bei Fachkenntnissen nach LMHV § 4 und Anlage 1, muss man auch diese in Form einer Tabelle erfassen und bewerten.

Mit folgendem Kriterienkatalog können die erforderlichen Fachkenntnisse an einem Arbeitsplatz abgeprüft werden. Er beruht einerseits auf den Anforderungen der LMHV § 4 (1) in Verbindung mit Anlage 1 und andererseits aus den eigenen Überlegungen, was an einem bestimmten Arbeitsplatz und einer Tätigkeit voraussichtlich erforderlich ist.

Empfehlung

Prüfkatalog Fachkenntnisse

1) Bedeutung der betrieblichen Personalhygiene (z. B. Arbeits- und Schutzkleidung, Handschuhe, Händewaschen und Duschen, Hautpflege, Hygieneschleusen, Infektions-/Kontaminationsschutz
2) Eigenschaften und Zusammensetzung des jeweiligen Lebensmittels
3) Hygienische Anforderungen an die Herstellung, Verarbeitung, Lagerung und Abgabe des jeweiligen Lebensmittels
4) Lebensmittelrecht
5) Eingangs- und Warenkontrolle, Haltbarkeitsprüfung und Kennzeichnung
6) Betriebliche Eigenkontrollen und Rückverfolgbarkeit
7) Havarieplan, Krisenmanagement
8) Hygienischer Umgang mit dem jeweiligen Lebensmittel
9) Einzuhaltende Spezifikationen an Kühlung und Lagerung des jeweiligen Lebensmittels
10) Vermeidung einer nachteiligen Beeinflussung des jeweiligen Lebensmittels beim Umgang mit Lebensmittelabfällen, ungenießbaren Nebenerzeugnissen und anderen Abfällen
11) Reinigung und Desinfektionsplan
12) Verhalten bei Schädlingsbefall
13) Regelungen zur Wartung und Instandhaltung
14) Zugang Dritter zum Betrieb

Standardisiert lassen sich so für gleiche Tätigkeiten künftige allgemeine Schulungsbedarfe bestimmen. Eine solche Prüfliste sollte jeder Betrieb für sich modifizieren und formulieren.

Für die Planung der Hygieneschulungen ist es zweckmäßig, im Ergebnis eine Tabelle anzulegen. Dazu definiert man die Personen nach ihren Tätigkeiten bzw. Arbeitsplätzen und fasst sie in Gruppen gleicher Arbeitsbeschreibungen zusammen. So ergeben sich die Gruppen, die man in Spalte 1 einträgt. In der Kopfzeile waagrecht definiert man die Themen von Schulungsmaßnahmen wie z. B.:

- Temperaturkonzept
- Reinigung und Desinfektion, Schnelldesinfektion am Arbeitsplatz
- mikrobiologische Grundlagen

Ein Kreuz in der Tabellenzelle bedeutet, diese Gruppe ist für dieses Schulungsthema vorzusehen. Im letzten Schritt sind die Fristen und Termine zu planen, an denen die Maßnahmen stattfinden sollen und wer dazu als Schulungsleiter eingeteilt oder beauftragt werden soll.

Die Schulung muss von geeignetem Schulungspersonal, das über ausreichende Fachkenntnisse verfügt, durchgeführt werden.

Hier ergibt sich eine gewisse Überschneidung in der Norm. Gemäß der Begriffsbestimmung für „geeignetes Schulungspersonal" muss dieses ausreichend sachkundig sein (s. o.).

Für übergreifende Themen, die bspw. in der Produktion neben detaillierten Produkt- und Verfahrenskenntnissen auch die sichere Anwendung von Schritten des Garens und der spezifischen Temperaturführung erfordern oder den sicheren Umgang mit und die sichere Produktion von leicht verderblichen Lebensmitteln, sowie bei vielen anderen „Tätigkeiten beim Herstellen, Behandeln und Inverkehrbringen" von Lebensmitteln sind stets ausreichende Fachkenntnisse erforderlich.

Voraussetzen kann man diese Fachkenntnisse bei einer beruflichen Qualifikation als Koch, Küchenmeister oder Meister des jeweiligen Handwerks (Metzger, Bäcker, Konditoren). Hier liegen hinsichtlich des erforderlichen Fachwissens staatlich geprüfte Abschlüsse vor.

In der LMHV, § 4 Absatz 2, findet man in eine entsprechende Formulierung:

Bei Personen, die eine wissenschaftliche Ausbildung oder eine Berufsausbildung abgeschlossen haben, in der Kenntnisse und Fertigkeiten auf dem Gebiet des Verkehrs mit Lebensmitteln einschließlich der Lebensmittelhygiene vermittelt werden, wird vermutet, dass sie für eine der jeweiligen Ausbildung entsprechende Tätigkeit

1. nach Anhang II Kapitel XII Nummer 1 der Verordnung (EG) Nr. 852/2004 in Fragen der Lebensmittelhygiene geschult sind und
2. über nach Absatz 1 erforderliche Fachkenntnisse verfügen.

Die damaligen Mitglieder der ministeriellen Arbeitsgruppe zur LMHV gingen davon aus, dass die Berufsausbildung im deutschen Handwerk für Metzger, Bäcker, Konditoren und für Köche eine sehr gute Vermittlung von Fachwissen beinhaltet. In der Lebensmittelbranche arbeiten aber neben den Fachleuten auch viele andere Berufsgruppen und Arbeitshilfen, die nicht über diese in der Anlage 1 zu § 4 (1) der LMHV bestimmten Fachkenntnisse vollumfänglich verfügen.

Die Formulierung „wird vermutet" lässt jedoch auch zu, dass eine Überwachungsbehörde zu der Feststellung kommen kann, dass dies im Einzelfall angezweifelt werden muss! Im Fall von Vorkommnissen oder erkannten Defiziten sollte deshalb immer geprüft werden, welche Fortbildungsmaßnahmen zu welchen Themen erforderlich sind.

Ein Berufsabschluss sollte kein Freibrief sein. Man kam überein, dass die Personen „über die erforderlichen Fachkenntnisse verfügen" müssen. Da diese Fachkenntnisse berufsspezifisch vermittelt werden, kann man z. B. nicht voraussetzen, dass ein Metzger vollumfänglich über Fachkenntnisse im Umgang mit Konditoreiwaren verfügt oder umgekehrt ein Konditor nicht über Fachkenntnisse im Umgang mit Fleischwaren. Die Verpflichtung zur beruflichen Fortbildung und insbesondere zur Befassung mit den hygienischen Aspekten bei neuen Produktionsverfahren und der Bedienung von Maschinen und Anlagen sollte immer mit den Beschäftigten konkret besprochen und der Umfang geplant werden. Das gilt für externe Fortbildungs- und Weiterbildungsmaßnahmen und interne Schulungsmaßnahmen gleichermaßen.

Die Anforderungen an das Schulungspersonal ergeben sich aus diesen Vorgaben zwangsläufig und sind bei der Auswahl und Beauftragung von externen Schulungsleitern zu berücksichtigen.

Die Durchführung kann auch unter Nutzung digitaler Formate oder anderer didaktischer Hilfsmittel erfolgen.

Der Frontalunterricht ist heute nicht mehr immer zeitgemäß. Je nach Gruppe und Thema sind auch andere, ganz unterschiedliche Schulungsformate denkbar und entsprechende didaktische Hilfsmittel einsetzbar. Auf dem Markt sind z. B. Lehrfilme und Lernsoftware mit und ohne abschließende Erfolgskontrolle käuflich zu erwerben. Es gibt sie für Köche und Auszubildende, aber auch alle Mitarbeitenden und zu spezielle Themen wie Reinigungsverfahren oder Produktionsverfahren mit spezieller Technik.

Wichtig ist, immer darauf zu achten, dass die Beschäftigten nicht überfordert werden. Lange Lehrfilme lassen die Teilnehmer am Ende eines Arbeitstages rasch ermüden und die erforderliche Aufmerksamkeit und Aufnahmefähigkeit sinken.

Nach wissenschaftlichen Studien lassen sich der Wissensgrad und die Gedächtnisleistung in einer Schulung steigern durch:

- Lesen (lassen) mit etwa 10 Prozent Wissensgewinn
- (Zu-)Hören mit etwa 20 Prozent Wissensgewinn
- Ansehen dazugehöriger Bilder, Videos, Grafiken etc. mit etwa 30 Prozent Wissensgewinn
- Kombiniertes Hören und Sehen mit etwa 50 Prozent Wissensgewinn
- Selbst-Erarbeiten allein oder in Gruppen (mit anschließender Ergebnisdarstellung und Diskussion) mit einer maximal zu erwartenden Effizienz von etwa 90 Prozent Wissensgewinn

Zu berücksichtigen ist dabei, dass die meisten Menschen zum visuellen Lerntyp gehören. Das Schulungspersonal kann die Informationsaufnahme in einem Vortrag mithilfe begleitender Bilder und Grafiken erleichtern oder durch einen überdimensionalen „Folienfilm" beeinträchtigen. Informationen sollen für allgemeine Hygieneschulungen des Gesamtpersonals stets kurz und einfach sein, also in verständlicher Sprache und geläufigen Bildern aufbereitet werden.

Es müssen geeignete Schulungsmaterialien bzw. -instrumente verwendet und gegebenenfalls ausgehändigt werden. Erforderlichenfalls sollte beispielsweise übersetztes Schulungsmaterial, dolmetschendes Personal, barrierefreies Schulungsmaterial, wie bild- und symbolhafte Darstellungen und/oder in leichter Sprache gestaltetes Schulungsmaterial, angeboten werden.

Die aktualisierte Norm DIN 10514 berücksichtigt an dieser Stelle, dass aufgrund des Fachkräftemangels in der Lebensmittelbranche zunehmend Beschäftigte angeworben und eingestellt werden, die anfangs nicht über ausreichende lebensmittelhygienisch relevante Sprach- und Sachkenntnisse verfügen. Für die Planung einer Schulungsmaßnahme muss für das methodisch-didaktische Vorgehen berücksichtigt werden, dass Sprachbarrieren bestehen können und diese für die erforderlichen Lernerfolge auch durch die Auswahl geeigneter Materialien, Darstellungen und Instrumente überwunden werden müssen.

Inklusion am Arbeitsplatz kann nur funktionieren, wenn Menschen mit Handicap wahrgenommen und ihre Bedarfe am Arbeitsplatz berücksichtigt werden.

Die im Normtext aufgeführten organisatorischen und materiellen Hilfen sind daher bei der Planung von Schulungsmaßnahmen zu prüfen und nach Bedarf vorzusehen.

ANMERKUNG 2 Zum Beispiel Unterlagen von Verbänden und einschlägigen Institutionen wie Leitlinien für eine gute Lebensmittelhygiene-Praxis und branchenspezifische Unterlagen wie Ausbildungsunterlagen, audio-visuelle Hilfsmittel, Fotos aus dem Betrieb, Fachgespräche, Merkblätter, Poster, computerunterstützte, interaktive Lernprogramme und praktische Übungen, interaktive Videos aus dem Betriebsalltag der zu schulenden Personen, reale Aufgabenstellungen aus dem betrieblichen Kontext der zu schulenden Personen.

Mit der Anmerkung 2 gibt die Norm Hinweise zu Bezugsquellen für Schulungsmaterialien. Bei Fotos aus dem Betrieb sind allerdings stets die Persönlichkeitsrechte der Mitarbeitenden und Regelungen des Betriebs zu den Urheberrechten und der Vertraulichkeit zu beachten!

Es folgt eine Aufzählung von drei Anforderungen, die bei der Durchführung von Schulungsmaßnahmen allgemein zu beachten sind.

a) Erfolgskontrollen sollten nach Abschnitt 5 durchgeführt werden;

b) die Schulungen sollten nach Abschnitt 7 dokumentiert werden;

c) die Folgebelehrungen müssen dokumentiert werden.

Das Thema Erfolgskontrolle ist schwierig: Was kann man Beschäftigten, die in der Regel schon einen Arbeitstag und eine Schulung hinter sich haben, noch zumuten?

- Fragebögen (in verschiedenen Sprachen) oder Gespräch?
- Das Erkennen des Gelernten auch an den Folgetagen bei den Tätigkeiten am Arbeitsplatz?

Die Dokumentation der Schulungen ist immer Pflicht! Aber wie? Das Ausmaß und der Umfang der Dokumentation richtet sich nach den Gefahren, Tätigkeitsbereichen und dem Verantwortungsumfang der Beschäftigten. In jedem Fall ist ein schriftlicher Nachweis mit den wesentlichen Daten (s. a. DIN 10514, Abschnitt 7) angeraten.

Die zweijährigen Folgebelehrungen nach IfSG müssen nachgewiesen werden. Damit man diese bei Kontrollen auch personenbezogen nachweisen kann, müssen sie entsprechend angelegt und dokumentiert werden. Hierzu zählt eine Unterschrift zum rechtskonformen Nachweis der Belehrung.

Maßnahmen zur Vermittlung von Fachkenntnissen gemäß LMHV § 4 Absatz 1 fallen nicht unter Hygieneschulungen im Sinne dieses Dokuments.

Hier verweist die Norm auf die LMHV. Diese bestimmt für die Herstellung und den Umgang mit leicht verderblichen Lebensmitteln, dass Personen für diese Tätigkeiten über Fachkenntnisse verfügen müssen. Verfügen bedeutet, dass diese Kenntnisse vorhanden sein müssen, bevor man die Tätigkeit ausüben darf. LMHV § 4 (1) bestimmt auch, dass man dies gegenüber der Behörde (Lebensmittelkontrolle) auf Nachfrage nachweisen muss.

Diese speziellen Fachkenntnisse für leicht verderbliche Lebensmittel werden nicht in einer Hygieneschulung vermittelt. Daher grenzt der Satz die unterschiedlichen Maßnahmen voneinander ab. Die Inhalte von Fachkenntnisschulungen (soweit es nicht ohnehin Inhalte beruflicher Ausbildung oder Weiterbildungsmaßnahmen sind) werden in DIN 10514 nicht erfasst.

Gleichwohl ist die Auflistung der Fachkenntnisse in Anlage 1 eine gute Arbeitsgrundlage, für jeden Arbeitsplatz diese Themen inhaltlich abzuprüfen. Schnittpunkte zwischen Basishygiene und Fachkenntnissen können dann in beiden Maßnahmen dargestellt werden.

Im nachfolgenden Abschnitt 4.2 „Spezielle Anforderungen“ werden spezielle Kenntnisse und betriebliche Aspekte gesondert angesprochen. Alle Festlegungen, was betriebsintern zu beachten ist, welchen Umfang daher Schulungsthemen haben sollen und welche Sachgebiete eine eher untergeordnete Rolle spielen, kann in der Regel nach einer Gefahrenanalyse des Gesamtbetriebes und der Produktionsplanung bestimmt werden.

Es gilt auch hier der Grundsatz des europäischen Lebensmittelhygienerechts, wonach der Lebensmittelunternehmer verantwortlich ist und festzulegen hat, was in seinem Betrieb erforderlich ist. Einige Themen sind jedoch so herausragend, dass sie stets zu einer Schulungsmaßnahme dazugehören. In welcher Breite und Tiefe sie behandelt werden, kann je nach Betriebsform und Produktpalette variieren.

Die Norm stellt einige dieser zentralen Themen dar. Für die Lebensmittelhygiene ist die Lebensmittelmikrobiologie stets ein solches Thema.

Das Fachgebiet ist so groß, dass es nur von wenigen Spezialisten, auch nicht von Köchen, vollumfänglich beherrscht wird. Man musste daher im DIN-Arbeitskreis einen Weg finden, abzugrenzen, was bei einer Hygieneschulung Inhalt mikrobiologischer Schulungsmaßnahmen sein kann. Neben (vertieften) Grundkenntnissen sind z. B. die Wachstumsbedingungen von Mikroorganismen wichtig, um in der Produktion nicht durch Fehler eine Keimvermehrung zu begünstigen. Schulungen in Lebensmittelmikrobiologie sollten durch einen Lebensmittelhygieniker oder einen gesondert fortgebildeten Koch durchgeführt werden, damit dieser neben dem reinen Fachwissen die Zusammenhänge der in Abschnitt 4.2.1 aufgelisteten Inhalte an Beispielen aus dem Betriebsalltag für den Kreis der zu schulenden Mitarbeitenden verständlich darbieten kann.

4.2.1 Schulungen in Lebensmittelmikrobiologie und -hygiene

Es werden betriebs- und produktspezifische Kenntnisse von Lebensmitteln vermittelt und auf Zusammenhänge hinsichtlich der Risiken eines Verderbs oder einer Kontamination durch unerwünschte Mikroorganismen hingewiesen.

Betriebsspezifisch bedeutet, man orientiert sich am Warenkorb des eigenen Betriebes und der Herstellung mit den durchzuführenden Verarbeitungsverfahren und Rezepturen. Produktspezifisch bedeutet, dass jeder Betrieb Grundlagen zu seinen Produkten – ob Wurst oder Käse, Fischverarbeitung oder vegane Gemüseverarbeitung – zu vermitteln hat.

Neben diesem Basiswissen sollen Zusammenhänge und Risiken für Verderb oder Gefahren für Kontaminationen aufgezeigt werden. Dies gilt sowohl für die angelieferten Roherzeugnissen wie auch bei der Verarbeitung im Betrieb, einschließlich der Gefahr von Rekontaminationen in der Produktion. Die Norm definiert unerwünschte Mikroorganismen nicht näher. Damit sind z. B. Bakterien und Hefen, die zu fehlerhaften Reifungen führen, ebenso unerwünscht wie pathogene Keime, die zu lebensmittelbedingten Gesundheitsgefährdungen der Verbraucher führen.

Das Lernziel ist: Nur wer diese Zusammenhänge und mikrobiologischen Gefahren für die Produkte und die Verbraucher kennt, versteht erforderliche Hygienemaßnahmen und die Konsequenzen bei Nichteinhaltung.

Zur Konkretisierung gibt es weitere Hinweise im Normtext:

> Im Rahmen der Schulungen müssen dabei erforderlichenfalls die nachfolgenden Aspekte in für die Beschäftigten verständlicher und praxisnaher Form vermittelt werden:
>
> a) Grundkenntnisse in der Lebensmittelmikrobiologie, z. B. natürliches Vorkommen von Mikroorganismen im Umfeld des Menschen, nützliche und schädliche Wirkungen der Mikroorganismen, Größenordnung von Mikroorganismen; Erkennbarmachung und Vermehrung von Mikroorganismen; Einteilung von Mikroorganismen: Viren, Bakterien, Schimmelpilze, Hefen; Stoffwechselprodukte von Mikroorganismen wie Toxine;

Eine Schulung soll keine Ausbildung zum Mikrobiologen sein, sondern eine verständliche und praxisnahe Vermittlung von grundlegenden Kenntnissen. Buchstabe a) gibt mit der Aufzählung Inhalte für eine Schulung der Grundkenntnisse vor. Die Mitarbeitenden sollten wissen, was Bakterien, Hefen, Schimmelpilze und Viren sind. Welche Bakterien kommen mit den Rohprodukten als natürliche „Belastung" in den Betrieb hinein? Wer das weiß, versteht, warum Lebensmittel getrennt gelagert werden müssen, um eine nachteilige Beeinflussung und Kreuzkontamination zu verhindern.

Anhand von Beispielen wie der erwünschten oder unerwünschten Fermentationen durch Laktobazillen werden Eigenschaften erklärt und welche Stoffwechselprodukte zur Reifung beitragen, zum Verderb führen oder sogar aufgrund gebildeter Toxine zu Gesundheitsrisiken für die Verbraucher werden.

Das Lernziel ist hier: Bewusstsein für die ständige Gegenwart von Mikroorganismen schaffen, Verständnis schaffen für das Erfordernis des eigenen hygienischen Verhaltens und der Aufrechterhaltung der Hygiene im Betrieb als Grundlage der Abwehr oder Vermeidung mikrobiologischer Gefahren.

Das führt automatsch zur Frage der Keimvermehrung und Buchstabe b):

> b) Wachstumsvoraussetzungen für Mikroorganismen; für eine angestrebte oder auch unerwünschte Vermehrung geltende Parameter wie Nährstoffangebot, Temperatur, Zeit, Feuchte/a_W-Wert (Wasseraktivität), pH-Wert und Gaszusammensetzung;

Wie wachsen Bakterien? Wie vermehren sie sich und wie schnell? Was begünstigt das Wachstum, was hemmt die Vermehrung? Bei der Behandlung dieser Fragen wird das Vermehrungsmodell des Schachbretts und die Regel der exponentiellen Keimvermehrung thematisiert: aus 1 mach 2, aus 2 mach 4, aus 4 mach 16 usw. Was anfangs harmlos klingt, wird im Laufe der Zeit zu einer nicht mehr vorstellbaren Zahl und ist beeindruckend. Das prägt sich ein. Die begünstigenden und limitierenden Wachstumsbedingungen und der Faktor Zeit sind wichtige zusammengehörige Kenntnisse.

Lernziel ist hier: Zusammenhänge zwischen Bakterienvermehrung und Zeit und die biologischen Abläufe (stationäre Phase, logarithmische Vermehrungsphase und Absterbephase) kennenlernen. Ebenso die fachlichen Hintergründe der Keimzahlreduktion und warum es bei hohen Ausgangskeimzahlen (durch fehlerhafte, zu große Keimvermehrung) dennoch zu nicht akzeptablen, gefährlichen Keimzahlen im Produkt kommen kann.

Die weiteren hier benannten Parameter lassen sich in einer Schulungsmaßnahme gut anhand von Beispielen von Lebensmitteln erläutern: Niedriger a_W-Wert von Trockenprodukten und was passiert, wenn sie unbeabsichtigt feucht werden? Oder Rohwurstreifung mit dem Ziel des niedrigen pH-Wertes und einer Fermentierung sowie Absterben unerwünschter Bakterien und was dann passieren kann. Oder das Thema bakterielle Bombage: Wie entsteht sie und warum ist sie eine tödliche Gefahr? Daran knüpft Buchstabe c) unmittelbar an.

Lernziel ist hier: Einflussfaktoren benennen können und wie deren Vorkommen in der Produktion zum gewünschten oder unerwünschten Ergebnis im Produkt führt.

c) Gefährdungen durch Verderbniskeime und Krankheitserreger;

Salmonellen kennt jeder, doch das Personal sollte auch über Staphylokokken und E. coli Bescheid wissen. Man sollte Krankheitskeime mit den Krankheitsbildern zusammen vermitteln. Bei diesem Thema kommt man dann auch auf die Ausführungen im IfSG zu den meldepflichtigen Erkrankungen mit Beschäftigungsverbot. Warum darf man mit welchen Krankheiten nicht arbeiten? Dann versteht jeder den Sinn hinter der Belehrung nach dem IfSG.

Lernziel ist hier: Welche Keime verderben Lebensmittel durch ihren Stoffwechsel (Eiweiß, Fett, Kohlehydrate) und welche Krankheitserreger sind im Lebensmittelbetrieb von Bedeutung, weil sie in den Grundprodukten bereits vorkommen können oder auf die Lebensmittel von Menschen übertragen werden können?

d) Gefährdungen durch Schädlingsbefall, z. B. Kontaminationsformen durch Schädlinge, gesundheitliche Folgen, Lebensweise von Schädlingen sowie Vorbeugungs- und Bekämpfungsmaßnahmen;

Schaben sind beispielsweise für die Masse der Menschen eklige Insekten und im Lebensmittelbetrieb allgemein als Schädlinge bekannt. Aber wer weiß, warum? Schaben und Nagetiere wie Ratten und Mäuse können Kurzschlüsse verursachen, fressen Vorräte, sie verunreinigen Lebensmittel durch ihren Kot und Urin. Doch warum sind sie auch mikrobiologisch relevant? Sie können bis zu einer Million Keime an ihren Füßen tragen und zu gefährlichen Kontaminationen beitragen.

Lernziel ist hier: Schädlinge und die Gefahren, die von ihnen ausgehen, zu kennen sowie Verständnis und Motivation aufzubringen für Schädlingsmonitoring und Bekämpfungsmaßnahmen.

Die weitere Aufzählung beinhaltet tatsächlich nicht mehr die Mikrobiologie als solche.

e) Weitere Gefährdungen, z. B. durch unzureichende Reinigungs- und Desinfektionsmaßnahmen, Rückstände von Reinigungs- und Desinfektionsmitteln, Schmierstoffe, ungeeignete Bedarfsgegenstände und Kontrollinstrumente sowie durch Fremdkörper und Allergene;

Buchstabe e) ist eine Sammlung von Themen, die zu ungenießbaren oder schädigenden Lebensmitteln führen können, ohne dass Bakterien dafür ursächlich waren, sondern stattdessen die fehlerhafte Durchführung von Hygienemaßnahmen (Rückstände) oder Fremdkörper, z. B. durch Glasbruch, abgelöste Maschinenteile, fehlerhaftes Öffnen von Verpackungen etc.

Die Thematik Allergene ist komplex. Was sind Allergene, welche sind im eigenen Betrieb in der Produktion vorhanden? Wie vermeidet man die Allergenverschleppung?

f) Vermeidung von Kreuzkontaminationen durch zum Beispiel Mikroorganismen und Allergene.

Was ist eine Kreuzkontamination? Warum ist sie besonders gefährlich? Beispiel kann hier das rohe Geflügelfleisch sein. Wenn man das Auftauwasser nicht sofort unschädlich beseitigt, wenn man bei Arbeitsflächen und benutzten

Arbeitsgeräten keine Reinigung und Desinfektion durchführt und nachfolgend andere Lebensmittel bearbeitet, besteht die Gefahr der Keimverschleppung = Kreuzkontamination. Für das kontaminierte Produkt sind Salmonellen nicht als Gefahr identifiziert und daher auch keine Maßnahmen zur Keimreduktion vorgesehen. Möglicherweise bietet das kontaminierte Lebensmittel auch gute Bedingungen für eine Keimvermehrung. Die Folge wäre fatal!

Lernziel ist hier: Gefahren durch Kontamination zu kennen und zu wissen, wie mit GHP, GMP und dem HACCP-Verfahren diese Gefahren minimiert werden.

Die Anforderungen von DIN 10514, **Abschnitt 4.2.2 „Spezielle Schulungen bezogen auf den Arbeitsplatz"** können nur allgemein anhand von Beispielen behandelt werden. Alles, was betriebsspezifisch ist, muss auch im Betrieb selbst formuliert werden. Abschnitt 4.2.2 kann hier nur eine Hilfestellung sein, was man beachten sollte, wenn man diese Themen in Schulungsmaßnahmen behandeln will.

Die Beschäftigten werden über die hygienischen Besonderheiten ihres Arbeitsplatzes im Hinblick auf die betriebseigenen Basishygienemaßnahmen und gegebenenfalls spezifische Lenkungsmaßnahmen zur Lebensmittelsicherheit informiert und über mögliche Auswirkungen ihres Verhaltens auf das Produkt aufgeklärt.

Der Arbeitsplatz ist im Zusammenhang mit Basishygienemaßnahmen wie Reinigung und Desinfektion, Vermeidung von Kreuzkontamination und Keimverschleppung, Verfahrensanweisung für das Tragen von Handschuhen, Schürzen, Kopf- und Bartbedeckungen, spezifischen Vorgaben in der Personalhygiene wie hygienisches Händewaschen bei bestimmten Arbeitsschritten, Besonderheiten der Reinigung und Desinfektion am Arbeitsplatz und allgemeine hygienische Anforderungen beim Umgang mit den Produkten der Dreh- und Angelpunkt der betrieblichen Produktionshygiene. Hier trifft alles zusammen und hier sind daher auch die meisten Gefahren und präventiven Vorgaben bzw. Gegenmaßnahmen zu beachten.

Daneben verweist der Normtext auf Bestimmungen des HACCP-Systems und im neuen Kontext der DIN EN ISO 22000 auf Maßnahmen, die sich aus PRP- und CCP-Festlegungen ergeben, oder andere Anforderungen (z. B. Temperaturführung, Zwischenkühlung), die sich aus anderen Teilen des betriebseigenen FSMS ergeben.

Auch in diesem Abschnitt folgt wieder eine Aufzählung von Sachthemen und beispielhaften Stichpunkten zu möglichen Schulungsinhalten:

Die Schulungsmaßnahmen können je nach Arbeitsplatz umfassen:

a) Verarbeitungs- und Produkthygiene, z. B. Beachtung wichtiger prozessbezogener Parameter, wie Druck, Temperatur-Zeit-Beziehung, Feuchte/ a_w-Wert, Standzeiten und Lagertemperatur;

Dieser Punkt greift die Grundschulung zur Mikrobiologie auf und konkretisiert inhaltlich, was im eigenen Betrieb daraus abzuleiten ist und welche Vorgaben für die Produktion in Verfahrensanweisungen niedergelegt werden sollten und zu beachten sind.

b) Maßnahmen zur Minimierung einer Kreuz-/Kontamination der Lebensmittel;

Neben der Gefahr von Keimverschleppungen und (Re-)Kontamination bekommt die unerwünschte Allergenkontamination immer größere Bedeutung. Es sollte angesprochen werden, auf welchen Wegen welche Allergene, die in einem Produkt zu den Inhaltsstoffen gehören, unabsichtlich in andere Lebensmittel gelangen können und was das für Allergiker bedeuten kann.

c) Rohstoff-, Lager- und Transporthygiene, z. B. Temperaturanforderungen, Anforderungen an die Lagerhaltung, Maßnahmen zur Erkennung von Schädlingsbefall, Regelungen und Maßnahmen bei erkanntem Schädlingsbefall, Möglichkeiten zur Vorbeugung von Schädlingsbefall;

Auch hier muss dargestellt werden, dass die Temperaturen in unmittelbarem Zusammenhang mit der Mikrobiologie stehen und daher als sehr wichtige Vorgaben einzuhalten sind. Andere Themen sind Lagerorganisation „First In First Out", um keine Lagerbestände zu überlagern. Hier sind auch das Mindesthaltbarkeitsdatum (MHD) und chemische Veränderungen wie Ranzigkeit von Ölen und Fetten bei der Alterung wichtige Themen.

Das eigene Schädlingsmonitoring ist aufzuzeigen, die präventiven Abwehrmaßnahmen (Türen nach außen zu, Fenster zu usw.) müssen erklärt werden sowie die Maßnahmen für eine sofortige Information bei Befall und Durchführung von Bekämpfungsmaßnahmen.

d) Zutrittsregelungen;

Hygienebereiche sind sensible Räume eines Lebensmittelunternehmens. Um alles unter Kontrolle zu behalten, dürfen betriebsfremde Personen diese Bereiche nicht betreten, zumindest nicht während der Produktion und nicht ohne Schutzbekleidung und Begleitung. Wer mit welcher Ausrüstung (Schutzmantel, Kopfbedeckung, Überschuhe) bis wohin hinein darf, ist festzulegen und den Mitarbeitenden zu erklären. Sie sollten auch dazu angehalten werden, alle betriebsfremden Personen, die sie im Hygienebereich antreffen, unmittelbar zur Anmeldung bzw. Leitung zu führen. Das eigentliche Problem sind hierbei meist Personen, die mit dem Betrieb beruflich zu tun haben, aber nicht betriebsangehörig sind: Vertreter und Lieferanten, Transportpersonal der Zulieferer, eigene und kundenseitige Hol- und Bringdienste sowie Handwerker lassen sich durch Schilder an den Außentüren oft nicht aufhalten.

e) Personalhygiene, z. B. Darstellung persönlicher und betriebsspezifischer Hygieneregeln (Händereinigung und gegebenenfalls Desinfektion, geeignete und saubere Arbeitsbekleidung, Regeln zum Essen und Trinken am Arbeitsplatz, Verhalten bei Erkrankungen und Verletzungen, hygienegerechtes Verhalten bei Husten sowie Niesen und bei Toilettenbenutzung sowie Körperhygiene, usw.);

Das Thema Personalhygiene muss immer wieder in Schulungsmaßnahmen angesprochen werden. Es sind die Beschäftigten und extern beauftragten Dienstleister, Auftragnehmer etc., die gefordert und verpflichtet sind, alle festgelegten Hygienemaßnahmen des Betriebs auch umzusetzen und zu beachten. Ihr Verhalten und ihre Fehler können unmittelbar Auswirkungen auf die Lebensmittelsicherheit haben und sich negativ auf nicht leicht ersichtliche Abläufe und Prozesse auswirken. Hinweise zur Personalhygiene gehören zu jeder Ersteinweisung, zu jeder Schulung und bei jeder Belehrung automatisch dazu.

f) Raum- und Anlagenhygiene, z. B. Grundkenntnisse über Reinigung und Desinfektion, Maßnahmen, Auswahl und Anwendung geeigneter Mittel (Temperatur, Einwirkzeit, Konzentration, Intervalle und Intensität) sowie hygienegerechte Ausführung von Service- und Instandhaltungsarbeiten;

Jeder Beschäftigte eines Lebensmittelbetriebes sollte Grundkenntnisse zu Reinigungs- und Desinfektionsmaßnahmen haben. Der Umfang der Hygieneschulung ist von der Tätigkeit am Arbeitsplatz und den zugewiesenen Aufgaben abhängig. DIN 10516 [20] [22] kann hier thematisch unterstützen.

g) Information zum sachgerechten Umgang mit Lebensmittelkontaktmaterialien;

Unter Lebensmittelkontaktmaterialien können sich nur wenige Mitarbeitende etwas vorstellen. Es handelt sich dabei um die Materialien von Bedarfsgegenständen wie Schüsseln und Schneidebretter, die sie im Berufsalltag benutzen. Sie nutzen auch Frischhaltefolien und Beutel aller Art. Wie müssen diese Materialien gelagert werden, wie sind sie zu verwenden und zu reinigen? In Bezug auf Alufolie auch, wozu man sie nicht verwenden darf. Das sind Unterthemen, die hier in Schulungsmaßnahmen angesprochen werden sollten.

h) Kenntnisse zur sachgerechten Trennung, Lagerung und Entsorgung von Abfällen;

Die kommunale Abfallentsorgung macht den Unternehmen genaue Vorschriften, wie Müll zu trennen ist. Das Befolgen muss sich beim Sammeln von Abfällen im Betrieb und in den Abfallsammelbehältern, -plätzen, -einrichtungen widerspiegeln. Abfallentsorgung ist auch immer ein Hygienethema, bspw. im Hinblick auf Schädlingsbefall, Kreuzkontaminationen, Geruchsbildung.

i) Gegebenenfalls Bedeutung von und Verhalten in den verschiedenen Hygienezonen, insbesondere bei Übergängen und Wechsel von einer Zone in die andere, Einbringen von Materialien und Werkzeugen, Warenfluss, Personalströme;

Wer in seinem Betrieb Zugangsschleusen zwischen den Personal- und Sozialräumen und dem Hygienebereich einrichtet, muss für deren Betrieb und Nutzung Regeln aufstellen und dazu auch Schulungen vorsehen. Wenn in einer Produktionsstätte Personal zwischen einem unreinen und reinen Bereich wechseln muss, bedarf es Anweisungen, wie das erfolgen darf, und einer Schulung, damit diese Anforderung an das hygienische Verhalten umgesetzt wird und die Hygienemaßnahme wirkungsvoll bleibt.

Wenn Handwerker oder Servicepersonal während der Produktion in einem Hygienebereich angefordert werden muss, bedeutet es eigentlich, dass die betreffende Hygienezone möglicherweise kontaminiert werden kann, denn Werkzeuge sind grundsätzlich schmutzig und kontaminiert mit allem, was da nicht hingehört. Es kann bspw. bei der Reparatur von Lüftungs-, Ab- oder

Zuleitungen zur erhöhten Freisetzung von Keimen kommen oder es werden Zwischenreinigungsschritte von nicht sicheren Betriebszuständen von Maschinen oder Anlagen erforderlich.

Vorgaben müssen erläutert und Verhaltensweisen geschult werden.

j) Einschlägige Vorschriften des Lebensmittelrechts und des IfSG, Aufklärung zu rechtlichen Konsequenzen bei Verstößen.

Für alle Beschäftigten gilt: Sachgerechte, verständige Erklärungen werden angenommen, dagegen ist der Aufbau von Drohkulissen selten von Erfolg gekrönt. Hilfskräfte sind angemessen für ihren Aufgabenbereich zu schulen, aber nicht in Lebensmittelrecht auszubilden. Das sind Fachkenntnisse, die bspw. ein Koch haben muss.

Die Belehrung nach IfSG und Unterweisungen nach dem ArbSchG implizieren auch immer eine Mitwirkungspflicht der Beschäftigten. Sie müssen vom Arbeitgeber gleichermaßen über die Konsequenzen ihres Handelns bei Missachtung aufgeklärt werden. Hierbei kann auf eine Reihe von Ratgebern, Materialien für Sicherheitsfachkräfte der Unfallversicherungsträger und deren Schulungsangebote zurückgegriffen werden.

4.2.3 HACCP-Schulung

Die Lebensmittelunternehmer müssen sicherstellen, dass die Personen, die für die Entwicklung und Anwendung des HACCP-Verfahrens zuständig sind, in Fragen der HACCP-Grundsätze angemessen geschult werden. Maßgebend dafür ist die VO (EG) Nr. 852/2004 Anhang II Kapitel XII Nr. 2.

Es ist sehr wichtig zu unterscheiden, ob ein Mitarbeitender im Aufgabenbereich wissen muss, wie ein HACCP-System nach den konzeptionellen Vorgaben aufzubauen ist, oder nur wissen sollte, welche Bestimmungen für einen CCP festgeschrieben wurden und was entsprechend den Vorgaben zu tun ist. Die Mehrheit der Beschäftigten benötigt keinen systematischen Überblick oder Detailwissen über das gesamte betriebseigene HACCP-System als solches, seinen Aufbau und seine Pflege, denn dafür sind sie nicht zuständig. Sie sollten jedoch diejenigen Teile des betriebseigenen Lebensmittelsicherheitsmanagementsystems kennen, die ihre unmittelbare Arbeit betreffen.

Diejenigen Personen, die im Management für Lebensmittelsicherheit Verantwortung tragen und das System aufbauen, unterhalten, evaluieren und verifizieren, nachsteuern und kontrollieren, müssen über spezielle Kenntnisse in diesem Themenfeld verfügen. Das bedeutet, sie sind für die Aufgabenstellung ggf. erst aus- und fortzubilden und in Folge dann fortlaufend weiterzubilden.

5 Kontrolle der Schulung

Der Erfolg einer Schulungsmaßnahme sollte überprüft werden. Dazu können z. B. Fragebögen eingesetzt werden. Es kann auch eine fachspezifische Diskussion am Ende der Schulung stattfinden.

Es wurde schon erwähnt, dass das Thema Erfolgskontrolle schwierig ist. Der Erfolg einer Schulungsmaßnahme führt zu mehr Sicherheit

- für den Einzelnen bei seiner Tätigkeit,
- für den Betrieb durch die Umsetzung von Verfahrensanweisungen,
- für die Produkte,
- für den Unternehmer, dass er seinen Verpflichtungen sachgerecht nachgekommen ist.

Dafür müssen Schulungsmaßnahmen nachweislich mit dem gewünschten Ergebnis durchgeführt werden. Jeder kennt aus seiner Schulzeit, wie Erfolgskontrollen schriftlich oder mündlich durchgeführt wurden, und dieses Wissen und die damit verbundenen Emotionen sind in unserem Gedächtnis verankert. Nach einer Schulungsmaßnahme auf ähnliche Weise geprüft zu werden, bringt diese Erinnerungen zurück.

Fragebögen können, je nachdem, wie man sie aufbaut und erläutert, bei Mitarbeitenden auch unerwünschte Reaktionen auslösen, darunter z. B.:

- schnell erledigen und raus,
- gequält dasitzen und merken, dass man es nicht verstanden hat,
- Langeweile, das Gefühl der Zeitverschwendung oder
- Angst vor Konsequenzen, wenn man etwas falsch beantwortet.

Das Gruppengespräch fördert den Austausch von Erfahrungen und Denkmustern, ist ein Miteinander, das mit gleichem Zeitaufwand oftmals mehr Wirksamkeit hat. Wenn Erkenntnisse, Sorgen und Erfahrungen gemeinsam beraten und ausgetauscht werden können, erfährt der Mitarbeitende Anerkennung und Bestätigung. Der Austausch mit anderen erleichtert die direkte, persönliche Umsetzung am Arbeitsplatz und bewirkt so eine Verzahnung mit dem Arbeitsalltag. Das praktizierte Verhalten in den Folgetagen unter den Bedingungen im Arbeitsalltag fördert zutage, ob die vermittelten Inhalte verstanden wurden und praktisch, nachhaltig umgesetzt werden können. Es gibt keine Patentlösung für eine Erfolgskontrolle. In welcher Form der Erfolg der Schulungsmaßnahme überprüft wird, sollte an die Struktur der Gruppe und die vermittelten Themen angepasst sein.

Schulungsmaßnahmen ohne Erfolgskontrollen durchzuführen wird nicht empfohlen. Anreizsysteme zur Umsetzung von Schulungsinhalten, eine positive Fehlerkultur und die Etablierung eines Verbesserungs- und Vorschlagswesens haben sich in der Praxis gut bewährt.

6 Lebensmittelsicherheitskultur

Für das Hygieneverhalten und zur Schärfung des Bewusstseins gegenüber den betriebsspezifischen Risiken für die Lebensmittelsicherheit ist die Motivation aller Beschäftigen von entscheidender Bedeutung.

Hygieneschulungen sind ein wesentliches Instrument für die Ausbildung der betrieblichen Lebensmittelsicherheitskultur.

Der Begriff „Lebensmittelsicherheitskultur" tauchte erstmals im Codex Alimentarius, den Standards der Vereinten Nationen für zahlreiche Lebensmittel, auf, wurde dann in DIN EN ISO 22000 sowie in die Verordnung (EG) Nr. 852/2004 über Lebensmittelhygiene durch Ergänzung eines Artikels XI a aufgenommen und schließlich in der Bekanntmachung der Kommission von 2022 als verpflichtendes Element benannt. Allein, es mangelt an einer regulativ festgelegten und kommentierten konkreten Begriffsbestimmung zur inhaltlichen Eingrenzung im Kontext der Themen Personalhygiene und Hygieneschulung.

Was ist mit „Kultur" gemeint und wie soll diese von den Lebensmittelunternehmern, vom Kleinstunternehmen bis hin zur industriellen Lebensmittelproduktion, verstanden und präzisiert werden? Welche Anforderungen, Prüfkriterien oder Leitsätze gibt es für eine Lebensmittelsicherheitskultur, an denen sich ein Lebensmittelunternehmer konkret orientieren kann? Insofern stellt der Normtext nur einen vorläufigen Versuch dar, ein inhaltliches Verständnis für den Begriff mit Blick auf die daraus abzuleitenden Verhaltensweisen zu bieten.

7 Dokumentation

Die Dokumentation der Schulungen sollte mindestens Folgendes umfassen:

- Thema, Inhalt und gegebenenfalls Anlass der Schulung;
- Schulungsunterlagen und -materialien;
- Schulungsperson/Verantwortlicher (mit Unterschrift);
- Datum, Ort und Uhrzeit (von-bis) der Schulung;
- Teilnehmende der Schulung (z. B. Namensliste mit Unterschrift);
- gegebenenfalls vorhandene Ergebnisse von Erfolgskontrollen.

Eine solche Dokumentation ist die Voraussetzung für den Nachweis einer Hygieneschulung nach diesem Dokument und genügt auch den Anforderungen der Dokumentation der Folgebelehrung nach dem IfSG. Die Dokumente sollten über eine angemessene Frist (z. B. zwei Jahre) aufbewahrt werden.

Dieser Abschnitt der Norm ist selbsterklärend. Wir haben alle gelernt, dass etwas, was nicht dokumentiert wurde, nicht anerkannt wird. Das europäische Lebensmittelhygienerecht muss gelebt und dokumentiert sein. Die Aufzählung entspricht der üblichen Gliederung einer Dokumentation von Schulungsmaßnahmen.

Für die Dokumentation der Belehrung nach den Vorschriften des IfSG sowie der Einweisung und Belehrung nach den Unfallverhütungsvorschriften (UVV) usw. können sich längere Aufbewahrungsfristen ergeben.

Anhang A Normentexte

A.1 DIN 10514

Juli 2024

DIN 10514

DIN

ICS 67.020

Ersatz für
DIN 10514:2009-05

Lebensmittelhygiene – Hygieneschulung

Food hygiene – Hygiene training

Hygiène alimentaire – Entraînement hygiénique

Gesamtumfang 10 Seiten

DIN-Normenausschuss Lebensmittel und landwirtschaftliche Produkte (NAL)

DIN 10514:2024-07

Inhalt

Vorwort

Dieses Dokument wurde vom Arbeitskreis NA 057-02-01-10 AK „Personalhygiene/Schulung" im Arbeitsausschuss NA 057-02-01 AA „Lebensmittelhygiene" des DIN-Normenausschusses Lebensmittel und landwirtschaftliche Produkte (NAL) erarbeitet.

Es wird auf die Möglichkeit hingewiesen, dass einige Elemente dieses Dokuments Patentrechte berühren können. DIN ist nicht dafür verantwortlich, einige oder alle diesbezüglichen Patentrechte zu identifizieren.

Aktuelle Informationen zu diesem Dokument können über die Internetseiten von DIN (www.din.de) durch eine Suche nach der Dokumentennummer aufgerufen werden.

Änderungen

Gegenüber DIN 10514:2009-05 wurden folgende Änderungen vorgenommen:

a) Abschnitt „Normative Verweisungen" aktualisiert und ergänzt;

b) Abschnitt 3 „Begriffe" wurde aktualisiert und unter anderem der Begriff „Lebensmittelsicherheitskultur" eingeführt;

c) inhaltliche Überarbeitung von Abschnitt 4 „Anforderungen", unter anderem durch Aufnahme des Aspektes der Hygieneschulung im Rahmen der Lebensmittelsicherheitskultur;

d) die Fortbildungsmaßnahmen wurden vom Anwendungsbereich ausgegrenzt;

e) Abschnitt 6 „Lebensmittelsicherheitskultur" wurde neu aufgenommen;

f) Abschnitt „Literaturhinweise" aktualisiert;

g) Norm redaktionell überarbeitet.

Frühere Ausgaben

DIN 10514: 1997-08, 2004-05, 2009-05

Einleitung

Das vorliegende Dokument steht im Zusammenhang mit der Verordnung (EG) Nr. 852/2004 des Europäischen Parlaments und des Rates vom 29. April 2004 über Lebensmittelhygiene sowie der Lebensmittelhygiene-Verordnung (LMHV) vom 8. August 2007. Dieses Dokument dient zur Orientierung und hat zum Ziel, die Durchführung der betriebsspezifischen Schulungsmaßnahmen für alle Beschäftigten zu erleichtern. Für Hygieneschulungen (nachfolgend auch als „Schulungen" bezeichnet) ist der Lebensmittelunternehmer verantwortlich. Das Dokument ist als Handlungsanleitung für die Lebensmittelunternehmen zu verstehen. Neu aufgenommen wurde der Aspekt der Hygieneschulung im Rahmen der Lebensmittelsicherheitskultur.

Zur Organisationserleichterung können die Belehrung nach § 43 Absatz 4 Infektionsschutzgesetz (IfSG) oder Unterweisungen zum Arbeitsschutz gemeinsam mit Hygieneschulungen durchgeführt werden.

Diesem Dokument kann freiwillig gefolgt werden, um den Umfang und die Inhalte angemessener Schulungsmaßnahmen zu erkennen und einzuleiten. Das Dokument ist allgemein für alle Branchen der Lebensmittelwirtschaft formuliert und gilt für Lebensmittelunternehmen, unabhängig von Art und Größe. Schulungsmaßnahmen sind jedoch ganz auf die jeweiligen betrieblichen Gegebenheiten, die Art der Produkte und Prozesse, die Qualifikation der Personen und die Hygienerelevanz ihrer Tätigkeiten abzustellen. Schulungen dienen der Vermittlung und dem Verständnis betrieblicher Hygienemaßnahmen und fördern den Beitrag der Beschäftigten zum vorbeugenden gesundheitlichen Verbraucherschutz. Die Schulungen sollten möglichst praxisnah und für die Beschäftigten verständlich sein. Dieses Dokument kann dabei Hilfestellung geben.

Der Arbeitskreis war bei der Erarbeitung bemüht, alle Formulierungen genderneutral zu gestalten. Da bei Rechtstexten bislang ausschließlich das generische Maskulinum verwendet wird, konnte bei derartigen Zitaten keine genderneutrale Sprache verwendet werden.

1 Anwendungsbereich

Dieses Dokument ist anwendbar für die Planung und Durchführung von Hygieneschulungen und legt Anforderungen für diese Schulungsmaßnahmen fest. Zweck des Dokuments ist es, den für die Schulung Verantwortlichen eine Anleitung zu geben.

Die Schulung der im Lebensmittelbereich Beschäftigten dient der Vermittlung der notwendigen fachlichen und tätigkeitsbezogenen Kenntnisse und Fertigkeiten zur Vermeidung und Beherrschung möglicher Gefahren für die Lebensmittelsicherheit, die beim Herstellen, Behandeln und Inverkehrbringen auftreten können. Sie zeigt u. a. die Vermeidung von Fehlverhalten im Hygienebereich auf, vermittelt die Inhalte der Guten Hygienepraxis (GHP) und fördert die Motivation zum hygienischen Handeln im Zusammenhang mit der Lebensmittelsicherheitskultur.

Fortbildungsmaßnahmen zur Erweiterung und Vertiefung von Fachkenntnissen sowie erforderliche Schulungen des Personals, welches mit der Entwicklung und ständigen Unterhaltung des Qualitätsmanagementsystems beauftragt ist, sind nicht Gegenstand dieses Dokumentes.

2 Normative Verweisungen

Die folgenden Dokumente werden im Text in solcher Weise in Bezug genommen, dass einige Teile davon oder ihr gesamter Inhalt Anforderungen des vorliegenden Dokuments darstellen. Bei datierten Verweisungen gilt nur die in Bezug genommene Ausgabe. Bei undatierten Verweisungen gilt die letzte Ausgabe des in Bezug genommenen Dokuments (einschließlich aller Änderungen).

DIN 10503, *Lebensmittelhygiene — Begriffe*

3 Begriffe

Für die Anwendung dieses Dokuments gelten die Begriffe nach DIN 10503 und die folgenden Begriffe.

DIN und DKE stellen terminologische Datenbanken für die Verwendung in der Normung unter den folgenden Adressen bereit:

— DIN-TERMinologieportal: verfügbar unter https://www.din.de/go/din-term

— DKE-IEV: verfügbar unter https://www.dke.de/DKE-IEV

3.1
Belehrung
Vermittlung von personal- und lebensmittelhygienischen Kenntnissen – einzeln oder in einer Gruppe –, insbesondere der spezifischen Rechte und Pflichten, die sich aus dem IfSG § 43 Absatz 4 ergeben, in schriftlicher oder mündlicher Form, ohne eine Wissenskontrolle

Anmerkung 1 zum Begriff: Die Erstbelehrung erfolgt gemäß IfSG § 43 Absatz 1 Satz 1 Nr. 1 vor erstmaliger Arbeitsaufnahme durch das Gesundheitsamt oder einen/einer vom Gesundheitsamt beauftragte/n Arzt oder Ärztin.

Anmerkung 2 zum Begriff: Der Begriff Belehrung gemäß IfSG § 43 Absätze 1 und 4 wird in der Praxis als Folgebelehrung für die rechtlich vorgeschriebene Wiederholung der Belehrung verwendet.

3.2
Schulung
lernzielorientiertes Unterweisen, Einweisen oder Unterrichten von Personen – einzeln oder in einer Gruppe – zur Vorbereitung auf bestimmte Tätigkeiten oder Verhaltensweisen und zur Vertiefung bereits erworbener Kenntnisse und Fähigkeiten

3.3
geeignetes Schulungspersonal
interne oder externe ausreichend sachkundige Personen

3.4
geeignetes Schulungsmaterial
Material mit fachspezifischen Inhalten, das zur Unterweisung, Einweisung oder Unterrichtung von Personen dient

3.5
Personal
Beschäftigte
Personen, die im Rahmen ihrer betrieblichen Tätigkeit mit Lebensmitteln umgehen

3.6
Basishygienemaßnahme
PRP, en: prerequisite program
Präventivprogramm
grundlegende Anforderungen und Maßnahmen, die gegeben sein müssen, um die Sicherheit der Lebensmittel auf allen Stufen der Lebensmittelkette sicherzustellen

Anmerkung 1 zum Begriff: Basishygiene umfasst als Komponenten u. a. eine Gute Hygienepraxis und eine Gute Herstellungspraxis.

Anmerkung 2 zum Begriff: PRPs bilden die Grundlage für eine wirksame Umsetzung der HACCP-Grundsätze und sollten bereits vor der Einführung HACCP-gestützter Verfahren eingerichtet worden sein. Die angewandten PRPs müssen der Art und Größe des Betriebs angemessen sein.

Anmerkung 3 zum Begriff: Gemeinsame Maßnahmen, z. B. für Reinigung und Desinfektion, können in einem Präventivprogramm zusammengefasst werden.

Anmerkung 4 zum Begriff: Eine umfassende – aber nicht abschließende – Auflistung von Basishygienemaßnahmen ist der Bekanntmachung der EU-Kommission zur Umsetzung von Managementsystemen für Lebensmittelsicherheit zu entnehmen.

Anmerkung 5 zum Begriff: Zur Definition siehe auch DIN EN ISO 22000.

[QUELLE: DIN 10503:2022-03, 3.3.2]

3.7
Lebensmittelsicherheitskultur
gemeinsame Werte, Überzeugungen und Normen, die die Einstellung und das Verhalten der Beschäftigten in Bezug auf Lebensmittelsicherheit über die gesamte Organisation hinweg positiv beeinflussen

4 Anforderungen

4.1 Allgemeine Anforderungen

Die Anforderungen an Hygieneschulungen für das Personal basieren auf zwei Rechtsvorschriften:

— allgemeine Hygieneschulungsthemen, siehe Verordnung (EG) Nr. 852/2004, Anhang II, Kapitel XII;

— spezielle Schulungsinhalte für den Umgang mit leicht verderblichen Lebensmitteln, siehe LMHV, § 4 in Verbindung mit Anlage 1.

Art und Umfang der Hygieneschulung richtet sich nach der Tätigkeit, dem Vorwissen und der Ausbildung des Personals unter Berücksichtigung der Hygienesituation und der Gefahrenanalyse im Betrieb.

Für die Hygieneschulung sollte ein betriebliches Schulungskonzept entwickelt werden. Danach kann ein Schulungsplan, mit Themen für Personen/-gruppen erstellt werden.

Die Schulung muss erstmalig bei Aufnahme des Arbeitsverhältnisses und anschließend regelmäßig (mindestens 1 × im Jahr und zusätzlich bei Bedarf) unter Berücksichtigung der Hygienesituation und Gefahrenanalyse durchgeführt werden.

Schulungsbedarf und -inhalte können sich auch beim Feststellen von fehlerhaftem Verhalten oder Hygienedefiziten ergeben.

Bei Saison- und Aushilfskräften sollte bei der Arbeitsaufnahme eine spezielle Schulung bezogen auf den Arbeitsplatz erfolgen.

Zur Organisationserleichterung können die Belehrung nach § 43 Absatz 4 Infektionsschutzgesetz (IfSG) oder Unterweisungen zum Arbeitsschutz gemeinsam mit Hygieneschulungen durchgeführt werden.

ANMERKUNG 1 Die Folgebelehrung ist nach Infektionsschutzgesetz in einem Intervall von 2 Jahren vorgesehen.

Die zu schulenden Beschäftigten können entsprechend ihrer Tätigkeit bzw. ihrer vorhersehbaren Tätigkeit beim Herstellen, Behandeln und Inverkehrbringen von Lebensmitteln möglichst in Gruppen erfasst werden. Dabei sollten die Ausbildung und Fachkenntnisse aus vorangegangenen Tätigkeiten des zu schulenden Personals berücksichtigt werden.

Die Schulung muss von geeignetem Schulungspersonal, das über ausreichende Fachkenntnisse verfügt, durchgeführt werden.

Die Durchführung kann auch unter Nutzung digitaler Formate oder anderer didaktischer Hilfsmittel erfolgen.

Es müssen geeignete Schulungsmaterialien bzw. -instrumente verwendet und gegebenenfalls ausgehändigt werden. Erforderlichenfalls sollte beispielsweise übersetztes Schulungsmaterial, dolmetschendes Personal, barrierefreies Schulungsmaterial, wie bild- und symbolhafte Darstellungen und/oder in leichter Sprache gestaltetes Schulungsmaterial, angeboten werden.

ANMERKUNG 2 Zum Beispiel Unterlagen von Verbänden und einschlägigen Institutionen wie Leitlinien für eine gute Lebensmittelhygiene-Praxis und branchenspezifische Unterlagen wie Ausbildungsunterlagen, audio-visuelle Hilfsmittel, Fotos aus dem Betrieb, Fachgespräche, Merkblätter, Poster, computerunterstützte, interaktive Lernprogramme und praktische Übungen, interaktive Videos aus dem Betriebsalltag der zu schulenden Personen, reale Aufgabenstellungen aus dem betrieblichen Kontext der zu schulenden Personen.

a) Erfolgskontrollen sollten nach Abschnitt 5 durchgeführt werden;

b) die Schulungen sollten nach Abschnitt 7 dokumentiert werden;

c) die Folgebelehrungen müssen dokumentiert werden.

Maßnahmen zur Vermittlung von Fachkenntnissen gemäß LMHV § 4 Absatz 1 fallen nicht unter Hygieneschulungen im Sinne dieses Dokuments.

4.2 Spezielle Anforderungen

4.2.1 Schulungen in Lebensmittelmikrobiologie und -hygiene

Es werden betriebs- und produktspezifische Kenntnisse von Lebensmitteln vermittelt und auf Zusammenhänge hinsichtlich der Risiken eines Verderbs oder einer Kontamination durch unerwünschte Mikroorganismen hingewiesen. Im Rahmen der Schulungen müssen dabei erforderlichenfalls die nachfolgenden Aspekte in für die Beschäftigten verständlicher und praxisnaher Form vermittelt werden:

a) Grundkenntnisse in der Lebensmittelmikrobiologie, z. B. natürliches Vorkommen von Mikroorganismen im Umfeld des Menschen, nützliche und schädliche Wirkungen der Mikroorganismen, Größenordnung von Mikroorganismen; Erkennbarmachung und Vermehrung von Mikroorganismen; Einteilung von Mikroorganismen: Viren, Bakterien, Schimmelpilze, Hefen; Stoffwechselprodukte von Mikroorganismen wie Toxine;

b) Wachstumsvoraussetzungen für Mikroorganismen; für eine angestrebte oder auch unerwünschte Vermehrung geltende Parameter wie Nährstoffangebot, Temperatur, Zeit, Feuchte/a_W-Wert (Wasseraktivität), pH-Wert und Gaszusammensetzung;

c) Gefährdungen durch Verderbniskeime und Krankheitserreger;

d) Gefährdungen durch Schädlingsbefall, z. B. Kontaminationsformen durch Schädlinge, gesundheitliche Folgen, Lebensweise von Schädlingen sowie Vorbeugungs- und Bekämpfungsmaßnahmen;

e) Weitere Gefährdungen, z. B. durch unzureichende Reinigungs- und Desinfektionsmaßnahmen, Rückstände von Reinigungs- und Desinfektionsmitteln, Schmierstoffe, ungeeignete Bedarfsgegenstände und Kontrollinstrumente sowie durch Fremdkörper und Allergene;

f) Vermeidung von Kreuzkontaminationen durch zum Beispiel Mikroorganismen und Allergene.

4.2.2 Spezielle Schulungen bezogen auf den Arbeitsplatz

Die Beschäftigten werden über die hygienischen Besonderheiten ihres Arbeitsplatzes im Hinblick auf die betriebseigenen Basishygienemaßnahmen und gegebenenfalls spezifische Lenkungsmaßnahmen zur Lebensmittelsicherheit informiert und über mögliche Auswirkungen ihres Verhaltens auf das Produkt aufgeklärt. Die Schulungsmaßnahmen können je nach Arbeitsplatz umfassen:

a) Verarbeitungs- und Produkthygiene, z. B. Beachtung wichtiger prozessbezogener Parameter, wie Druck, Temperatur-Zeit-Beziehung, Feuchte/a_W-Wert, Standzeiten und Lagertemperatur;

b) Maßnahmen zur Minimierung einer Kreuz-/Kontamination der Lebensmittel;

c) Rohstoff-, Lager- und Transporthygiene, z. B. Temperaturanforderungen, Anforderungen an die Lagerhaltung, Maßnahmen zur Erkennung von Schädlingsbefall, Regelungen und Maßnahmen bei erkanntem Schädlingsbefall, Möglichkeiten zur Vorbeugung von Schädlingsbefall;

d) Zutrittsregelungen;

e) Personalhygiene, z. B. Darstellung persönlicher und betriebsspezifischer Hygieneregeln (Händereinigung und gegebenenfalls Desinfektion, geeignete und saubere Arbeitsbekleidung, Regeln zum Essen und Trinken am Arbeitsplatz, Verhalten bei Erkrankungen und Verletzungen, hygienegerechtes Verhalten bei Husten sowie Niesen und bei Toilettenbenutzung sowie Körperhygiene, usw.);

f) Raum- und Anlagenhygiene, z. B. Grundkenntnisse über Reinigung und Desinfektion, Maßnahmen, Auswahl und Anwendung geeigneter Mittel (Temperatur, Einwirkzeit, Konzentration, Intervalle und Intensität) sowie hygienegerechte Ausführung von Service- und Instandhaltungsarbeiten;

g) Information zum sachgerechten Umgang mit Lebensmittelkontaktmaterialien;

h) Kenntnisse zur sachgerechten Trennung, Lagerung und Entsorgung von Abfällen;

i) gegebenenfalls Bedeutung von und Verhalten in den verschiedenen Hygienezonen, insbesondere bei Übergängen und Wechsel von einer Zone in die andere, Einbringen von Materialien und Werkzeugen, Warenfluss, Personalströme;

j) einschlägige Vorschriften des Lebensmittelrechts und des IfSG, Aufklärung zu rechtlichen Konsequenzen bei Verstößen.

4.2.3 HACCP-Schulung

Die Lebensmittelunternehmer müssen sicherstellen, dass die Personen, die für die Entwicklung und Anwendung des HACCP-Verfahrens zuständig sind, in Fragen der HACCP-Grundsätze angemessen geschult werden. Maßgebend dafür ist die VO (EG) Nr. 852/2004 Anhang II Kapitel XII Nr. 2.

5 Kontrolle der Schulung

Der Erfolg einer Schulungsmaßnahme sollte überprüft werden. Dazu können z. B. Fragebögen eingesetzt werden. Es kann auch eine fachspezifische Diskussion am Ende der Schulung stattfinden.

6 Lebensmittelsicherheitskultur

Für das Hygieneverhalten und zur Schärfung des Bewusstseins gegenüber den betriebsspezifischen Risiken für die Lebensmittelsicherheit ist die Motivation aller Beschäftigen von entscheidender Bedeutung.

Hygieneschulungen sind ein wesentliches Instrument für die Ausbildung der betrieblichen Lebensmittelsicherheitskultur.

7 Dokumentation

Die Dokumentation der Schulungen sollte mindestens Folgendes umfassen:

— Thema, Inhalt und gegebenenfalls Anlass der Schulung;

— Schulungsunterlagen und -materialien;

— Schulungsperson/Verantwortlicher (mit Unterschrift);

— Datum, Ort und Uhrzeit (von-bis) der Schulung;

— Teilnehmende der Schulung (z. B. Namensliste mit Unterschrift);

— gegebenenfalls vorhandene Ergebnisse von Erfolgskontrollen.

Eine solche Dokumentation ist die Voraussetzung für den Nachweis einer Hygieneschulung nach diesem Dokument und genügt auch den Anforderungen der Dokumentation der Folgebelehrung nach dem IfSG. Die Dokumente sollten über eine angemessene Frist (z. B. zwei Jahre) aufbewahrt werden.

DIN 10514:2024-07

Literaturhinweise

DIN 10503:2022-03, *Lebensmittelhygiene — Begriffe*

DIN 10524, *Lebensmittelhygiene — Arbeitsbekleidung in Lebensmittelbetrieben*

DIN EN ISO 22000, *Managementsysteme für die Lebensmittelsicherheit — Anforderungen an Organisationen in der Lebensmittelkette*

Lebensmittelverband Deutschland e.V. [zuletzt aufgerufen am: 08.04.2024]. Verfügbar unter: https://www.lebensmittelverband.de/de/lebensmittel/sicherheit/hygiene

Bundesinstitut für Risikobewertung — Hygieneregeln in der Gemeinschaftsgastronomie (in verschiedenen Sprachen erhältlich) [zuletzt aufgerufen am: 08.04.2024]. Verfügbar unter: https://mobil.bfr.bund.de/cm/350/hygieneregeln-in-der-gemeinschaftsgastronomie-deutsch.pdf

Codex Alimentarius — General principles of food hygiene CAC/RCP 1-1969, Rev. 2020 [zuletzt aufgerufen am: 08.04.2024]. Verfügbar unter: https://www.fao.org/fao-who-codexalimentarius/sh-proxy/en/?lnk=1&url=https%253A%252F%252Fworkspace.fao.org%252Fsites%252Fcodex%252FStandards%252FCXC%2B1-1969%252FCXC_001e.pdf

RKI — Unterlagen zum Infektionsschutzgesetz im Internet [zuletzt aufgerufen am: 08.04.2024]. Verfügbar unter: https://www.rki.de/DE/Home/homepage_node.html

Gesetz zur Verhütung und Bekämpfung von Infektionskrankheiten beim Menschen (Infektionsschutzgesetz — IfSG) vom 20. Juli 2000

Verordnung (EG) Nr. 852/2004 des Europäischen Parlaments und des Rates vom 29. April 2004 über Lebensmittelhygiene

Verordnung über Anforderungen an die Hygiene beim Herstellen, Behandeln und Inverkehrbringen von Lebensmitteln (Lebensmittelhygiene-Verordnung — LMHV) vom 8. August 2007

Bekanntmachung der Kommission zur Umsetzung von Managementsystemen für Lebensmittelsicherheit unter Berücksichtigung von guter Hygienepraxis und auf die HACCP-Grundsätze gestützten Verfahren einschließlich Vereinfachung und Flexibilisierung bei der Umsetzung in bestimmten Lebensmittelunternehmen 2022/C 355/01

10

A.2 Begriffe in der Lebensmittelhygiene aus DIN 10503 mit Kommentierung

Im Folgenden werden für die Lebensmittelsicherheit zentrale Begriffsbestimmungen aus der DIN 10503 zitiert und kommentiert. Die Kommentierung ist entnommen aus: Martens, W., & Reiche, T. (2022): Begriffe in der Lebensmittelhygiene. Kommentar der DIN 10503 – Mit Ausführungen zum Managementsystem für Lebensmittelsicherheit. Beuth Verlag, Berlin.

3 Begriffe

Für die Anwendung dieses Dokuments gelten die folgenden Begriffe.

DIN und DKE stellen terminologische Datenbanken für die Verwendung in der Normung unter den folgenden Adressen bereit:

- DIN-TERMinologieportal: verfügbar unter https://www.din.de/go/din-term/
- DKE-IEV: verfügbar unter http://www.dke.de/DKE-IEV

3.1 Allgemeine Begriffe

3.1.1

Lebensmittel

Stoffe oder Erzeugnisse, die dazu bestimmt sind oder von denen nach vernünftigem Ermessen erwartet werden kann, dass sie in verarbeitetem, teilweise verarbeitetem oder unverarbeitetem Zustand von Menschen aufgenommen werden

Anmerkung 1 zum Begriff: Zu „Lebensmitteln" zählen auch Getränke, Kaugummi sowie alle Stoffe einschließlich Wasser, die dem Lebensmittel bei seiner Herstellung oder Ver- oder Bearbeitung absichtlich zugesetzt werden. Wasser zählt hierzu unbeschadet der Anforderungen der Richtlinien 80/778/EWG und 98/83/EG ab der Stelle der Einhaltung im Sinne des Artikels 6 der Richtlinie 98/83/EG.

Nicht zu „Lebensmitteln" gehören:

a) Futtermittel;
b) lebende Tiere, soweit sie nicht für das Inverkehrbringen zum menschlichen Verzehr hergerichtet worden sind;

c) Pflanzen vor dem Ernten;

d) Arzneimittel im Sinne der Richtlinien 65/65/EWG (21) und 92/73/EWG (22) des Rates;

e) kosmetische Mittel im Sinne der Richtlinie 76/768/EWG (23) des Rates;

f) Tabak und Tabakerzeugnisse im Sinne der Richtlinie 89/622/EWG (24) des Rates;

g) Betäubungsmittel und psychotrope Stoffe im Sinne des Einheitsübereinkommens der Vereinten Nationen über Suchtstoffe, 1961, und des Übereinkommens der Vereinten Nationen über psychotrope Stoffe, 1971;

h) Rückstände und Kontaminanten.

Anmerkung 2 zum Begriff: Die Benennung „Aufnehmen" wird im LFGB wie folgt näher definiert: Das Essen, Kauen, Trinken sowie jede sonstige Zufuhr von Stoffen in den Magen.

[QUELLE: Verordnung (EG) Nr. 178/2002, modifiziert – Anmerkung 1 zum Begriff und Anmerkung 2 zum Begriff wurden hinzugefügt.]

Es handelt sich bei dieser Begriffsbestimmung um die Definition der EU-Basisverordnung (EG) Nr. 178/2002. Die Abgrenzungen dienen dazu, für spätere Zweckbestimmungen und Anwendungsbereiche in Normen den Geltungsbereich für Lebensmittel klar zu umreißen. Zur Erläuterung wurden die beiden Anmerkungen zur Begriffsbestimmung hinzugefügt.

Die Umschreibung *„vom Menschen aufgenommen werden"* hat in den letzten Jahren zur Problematik geführt, dass z. B. Insekten, die in Europa bislang nicht auf der „Speisekarte" der Ernährung standen, als neuartige Lebensmittel zuzulassen waren.

Stoffe, die nicht dazu bestimmt sind, dass sie gegessen oder getrunken werden, sind nach dieser Definition von den Lebensmitteln ausgenommen. Für die Bewertung, ob ein Produkt zu den Lebensmitteln zu zählen ist, gilt auch dessen Zweckbestimmung, was in der Formulierung *„nach vernünftigem Ermessen"* zum Ausdruck kommt. Es ist daher nicht allein die Zweckbestimmung maßgeblich, sondern auch, ob erwartet werden kann, dass dieses Produkt von Menschen nicht als Lebensmittel angesehen wird, z. B. Arzneimittel.

3.1.2

Lebensmittelrecht

Rechts- und Verwaltungsvorschriften für Lebensmittel im Allgemeinen und die Lebensmittelsicherheit im Besonderen, sei es auf gemeinschaftlicher oder auf einzelstaatlicher Ebene, wobei alle Produktions-, Verarbeitungs- und Vertriebsstufen von Lebensmitteln wie auch von Futtermitteln, die für die Lebensmittelgewinnung dienende Tiere hergestellt oder an sie verfüttert werden, einbezogen sind

[QUELLE: Verordnung (EG) Nr. 178/2002]

Das Lebensmittelrecht ist ein komplexes Spezialrecht. Es besteht aus dem gemeinschaftlichen europäischen Lebensmittelrecht und aus dem ergänzenden nationalen Recht. Ein wichtiges Teilgebiet des Lebensmittelrechts ist das Lebensmittelhygienerecht, welches dieser Norm und allen Normen der Reihe 10500 ff. *Lebensmittelhygiene* zugrunde liegt.

Zum Lebensmittelhygienerecht gehören auf europäischer Seite insbesondere die (Basis-)Verordnung (EG) Nr. 178/2002 und die Verordnungen (EG) Nr. 852/2004 über Lebensmittelhygiene sowie die Verordnung (EG) Nr. 853/2004 mit spezifischen Hygienevorschriften für Lebensmittel tierischen Ursprungs.

Auf diese Rechtsverordnungen wird regelmäßig in den Normen verwiesen.

Dazu ergänzend gibt es weiterhin das deutsche Lebensmittel- und Futtermittelgesetzbuch (LFGB) sowie für den Bereich der Lebensmittelhygiene die Lebensmittelhygieneverordnung (LMHV) und – wie in der EU – die speziellere Tierische Lebensmittel-Hygieneverordnung (Tier-LMHV).

Hinzu kommen sowohl auf europäischer als auch nationaler Ebene zahlreiche weitere spezielle Verordnungen, beispielsweise für mikrobiologische Anforderungen, die ggf. zu berücksichtigen sind.

3.1.3

Lebensmittelunternehmen

Unternehmen, gleichgültig, ob es auf Gewinnerzielung ausgerichtet ist oder nicht und ob es öffentlich oder privat ist, das eine mit der Produktion, der Verarbeitung und dem Vertrieb von Lebensmitteln zusammenhängende Tätigkeit ausführt

Anmerkung 1 zum Begriff: Lebensmittelunternehmen werden in Managementnormen mit dem Begriff Organisation bezeichnet.

[QUELLE: Verordnung (EG) Nr. 178/2002, modifiziert – Anmerkung 1 zum Begriff wurde hinzugefügt.]

Der Begriff des *Lebensmittelunternehmens* grenzt Unternehmen, die im Geltungsbereich des Lebensmittelrechts tätig sind, von anderen Unternehmen ab.

Die Formulierung *„gleichgültig, ob es auf Gewinnerzielung ausgerichtet ist oder nicht“* bestimmt, dass auch z. B. ehrenamtliche Tätigkeiten, wenn sie sich mit Produktion und Verarbeitung von Lebensmitteln beschäftigen, den gewerblichen Unternehmen gleichgestellt sind bzw. sein können, sobald bei der Tätigkeit eine gewisse Regelmäßigkeit und organisatorische Planung im Spiel ist. Gerade die Auslegung dieser Bestimmung sorgte seit der Veröffentlichung immer wieder für Diskussionen um die Ausgestaltung von Vereins- und Straßenfesten, die Verköstigung von Kindern in Einrichtungen, wenn Eltern kochen u. a. m.

Im deutschen Recht ist der private Haushalt schon immer aus dem Geltungsbereich des Lebensmittelrechts ausgeklammert worden. Auch jetzt gilt dies so, da die Verordnung (EG) Nr. 178/2002 nur darauf abhebt, dass die hergestellten Lebensmittel für andere bestimmt sind.

Auch der Vertrieb von Lebensmitteln zählt zu den unternehmerischen Tätigkeiten, auf die das Lebensmittelrecht angewendet wird. Hierzu zählen vor allem alle Vorgänge, die mit Lagerung, Verteilung, Transport und Verkauf (oder anderen Formen der Abgabe) von Lebensmitteln zu tun haben.

Nach der EU-Basisverordnung sind *Betriebe* Einheiten eines Lebensmittelunternehmens. Damit sind Betriebsstätten stets Teil des Lebensmittelunternehmens.

3.1.4

Lebensmittelunternehmer

natürliche oder juristische Personen, die dafür verantwortlich sind, dass die Anforderungen des Lebensmittelrechts in dem ihrer Kontrolle unterstehenden Lebensmittelunternehmen erfüllt werden

[QUELLE: Verordnung (EG) Nr. 178/2002]

Das europäische Lebensmittelrecht weist dem Lebensmittelunternehmer die primäre rechtliche Verantwortung für die Gewährleistung der Lebensmittelsicherheit zu. In großen Unternehmen kann es sein, dass die Verantwortung für den „Lebensmittelteil" eines Unternehmens nicht identisch ist mit dem Gesamtverantwortlichen eines Unternehmens. Für die Bestimmung des Verantwortlichen ist daher die Formulierung *„in dem ihrer Kontrolle unterstehenden Lebensmittelunternehmen"* gewählt worden, um dies enger zu bestimmen.

Alle Anforderungen, die zu erfüllen sind, richten sich an den verantwortlichen Lebensmittelunternehmer[1]. Er kann zwar die Durchführung von Maßnahmen an andere Personen delegieren, auch die Kontrolle von Maßnahmen bestimmen, bleibt aber immer der letztlich Verantwortliche im Sinne des Lebensmittelrechts. Ihm obliegt die unternehmerische Sorgfaltspflicht in seinem Unternehmen, und er ist haftbar für Mängel, insbesondere, wenn nicht sichere Lebensmittel in Verkehr gebracht und an Endverbraucher abgegeben werden.

3.1.5
Futtermittel

Stoffe oder Erzeugnisse, auch Zusatzstoffe, verarbeitet, teilweise verarbeitet oder unverarbeitet, die zur oralen Tierfütterung bestimmt sind

[QUELLE: Verordnung (EG) Nr. 178/2002]

Die Aufnahme der Futtermittel in das Lebensmittelrecht begründet sich auch in der Tatsache, dass Inhaltsstoffe der Futtermittel über die Schlachttiere auch in die Lebensmittelkette eingebracht werden können. Insbesondere Rückstände von Arzneimitteln aus der Tierbehandlung, Umweltkontaminanten und Zusatzstoffe (z. B. Hormonpräparate, Antibiotika) können hier ein Problem darstellen.

3.1.6
Futtermittelunternehmen

Unternehmen, gleichgültig, ob es auf Gewinnerzielung ausgerichtet ist oder nicht und ob es öffentlich oder privat ist, das an der Erzeugung, Herstellung, Verarbeitung, Lagerung, Beförderung oder dem Vertrieb von Futtermitteln beteiligt ist, einschließlich Erzeuger, die Futtermittel zur Verfütterung in ihrem eigenen Betrieb erzeugen, verarbeiten oder lagern

[QUELLE: Verordnung (EG) Nr. 178/2002]

1 In diesem Werk sind bei der Verwendung des generischen Maskulins durchweg alle Personen jedweden Geschlechts gemeint.

Die Definition bezieht im Gegensatz zum im Lebensmittelbereich ausgegrenzten Privathaushalt hier auch den Familienbetrieb mit ein.

3.1.7

Futtermittelunternehmer

natürliche oder juristische Personen, die dafür verantwortlich sind, dass die Anforderungen des Lebensmittelrechts in dem ihrer Kontrolle unterstehenden Futtermittelunternehmen erfüllt werden

[QUELLE: Verordnung (EG) Nr. 178/2002]

Es gelten die gleichen Regeln wie bei Lebensmittelunternehmern.

3.1.8

Einzelhandel

Handhabung und/oder Be- oder Verarbeitung von Lebensmitteln und ihre Lagerung am Ort des Verkaufs oder der Abgabe an Endverbraucher

Anmerkung 1 zum Begriff: Hierzu gehören: Verladestellen, Verpflegungsvorgänge, Betriebskantinen, Großküchen, Restaurants und ähnliche Einrichtungen der Lebensmittelversorgung, Läden, Supermarkt-Vertriebszentren und Großhandelsverkaufsstellen.

[QUELLE: Verordnung (EG) Nr. 178/2002]

Im deutschen Lebensmittelrecht waren die Unternehmen der Gemeinschaftsverpflegung bis 2002 im LMBG den Endverbrauchern gleichgestellt. Mit der Überlagerung des nationalen alten LMBG durch die EU-Basisverordnung (EG) Nr. 178/2002 wurden diese Unternehmen neu dem Einzelhandel zugerechnet.

Außerdem sind alle Großhandelsunternehmen, die u. a. die Gastronomie mit Lebensmitteln versorgen, dem Bereich des Einzelhandels zugeschlagen worden.

Diese Begriffsbestimmung ist, mit den Erläuterungen in der Anmerkung, eine wichtige Voraussetzung für die Bestimmungen der Anwendungsbereiche und Adressaten in den Normen zum Lebensmittelhygienerecht. Sie bestimmt, dass in all diesen Unternehmen die rechtlichen Anforderungen der Hygieneverordnungen uneingeschränkt gelten und zu beachten sind.

3.1.9
Gemeinschaftsverpflegung

spezifische Form des Herstellens, Behandelns und Abgebens von Speisen und Getränken zur Verpflegung von Verbrauchergruppen in Einrichtungen unabhängig vom Zweck der Gewinnerzielung

Anmerkung 1 zum Begriff: Einrichtungen der Gemeinschaftsverpflegung sind z. B. Mensen, Kantinen, Cafeterien sowie Küchen und Speisenausgabestellen in Krankenhäusern, sozialen Einrichtungen, Rehabilitationseinrichtungen, Schulen, Kindertagesstätten, Kasernen und Justizvollzugsanstalten sowie Gaststätten und Restaurants, soweit diese Gemeinschaftsverpflegung im Sinne dieser Norm produzieren.

Anmerkung 2 zum Begriff: Der Gemeinschaftsverpflegung sind Catering, Partyservice und mobile Mahlzeitendienste (Essen auf Rädern) gleichgestellt.

Der Begriff *Gemeinschaftsverpflegung* (GV) wird häufig sowohl für den Verpflegungsvorgang als solchen als auch für die abzugebenden Speisen selbst wie auch für das Produktionssystem synonym benutzt. Daher ist es auch nicht verwunderlich, dass man sehr viele, leicht variierende Definitionen für den Begriff *Gemeinschaftsverpflegung* findet.

Für das Produktionssystem hat sich in den letzten Jahren auch der Begriff der *Systemgastronomie* etabliert. In der Literatur und im Internet sind auch Begriffe wie *Gemeinschaftsgastronomie* oder *Betriebsgastronomie* zu finden. Die *Betriebsgastronomie* ist in der Regel durch eine definierte Gruppe von Verpflegungsteilnehmern eines Betriebes gekennzeichnet, während die *Systemgastronomie* eher durch ein offenes Angebot an jedermann, z. B. in SB-Restaurants, in Raststätten und Kaufhäusern, charakterisiert werden kann.

In allen Fällen handelt es sich grundsätzlich um eine gleichgeartete Produktionsform von Speisen, mit der

- eine große Menge an Speisenkomponenten
- für eine Mahlzeit
- für eine große Zahl an Verpflegungsteilnehmern

hergestellt wird.

Ein weiteres Unterscheidungsmerkmal für Einrichtungen der GV basiert auf der differenzierten Betrachtung der zu verpflegenden Personen bezüglich ihrer Gesundheit, ihres Alters und ihrer Tätigkeit.

Danach kann man – wie auch in der Anmerkung 1 an der Reihenfolge erkennbar – die Gruppe der Kantinen, Mensen und Cafeterien zusammenfassen, die Personengruppen versorgen, die gesund sind bzw. deren körperliche Verfassung dem GV-Betreiber nicht bekannt ist.

In der zweiten Gruppe sind Küchen von/für Krankenhäuser und für soziale Einrichtungen wie Altenheime, Seniorenstifte, Reha-Einrichtungen, Kurkliniken/-heime, Kinderheime und Kindertagesstätten zu nennen, die kranke, alte oder sehr junge Menschen verpflegen.

Diese Personengruppen haben zum großen Teil aus ernährungsphysiologischer Sicht sowie aus Gründen der Lebensmittelsicherheit im Sinne des Artikel 14 Absatz 4c der Basisverordnung (EG) Nr. 178/2002 unterschiedliche Ansprüche an die Verpflegung, die bei der Herstellung und Abgabe von Speisen in besonderem Maße zu berücksichtigen sind. Das Bundesinstitut für Risikobewertung (BfR) hat hierzu mit dem Merkblatt „Sicher verpflegt" eine gute Grundlage geschaffen, die Verpflegung von empfindlichen Personengruppen zu bewerten und bei der GV entsprechend zu berücksichtigen.

In Kasernen der Bundeswehr und der Polizei wie auch in Justizvollzugsanstalten wiederum werden exakt begrenzte Personengruppen verpflegt, die sich aufgrund der besonderen Umstände nicht anderweitig verpflegen können, ansonsten aber wie in einer Betriebskantine versorgt werden.

Bundeswehr, Technisches Hilfswerk, Rotes Kreuz und die anderen Hilfsorganisationen stellen Gemeinschaftsverpflegung auch aus mobilen Einrichtungen (Feldküchen), z. B. bei Manövern/Übungen, Großveranstaltungen sowie in Katastrophenfällen, bereit.

Bei großen Volksfesten und anderen Open-Air-Veranstaltungen sowie Messen usw. wird oftmals auch Gemeinschaftsverpflegung in Zelten und aus mobilen Küchen und Verpflegungsfahrzeugen abgegeben.

In den Normen wird der Begriff der *Gemeinschaftsverpflegung* zusammenfassend auch für die Charakterisierung des Verpflegungsvorgangs verwendet. Ein weiteres Synonym dafür ist der englische Begriff des *Catering*, wobei auch dieser Begriff sowohl für den Vorgang der Verpflegungsleistung als auch für die Bezeichnung der Betriebsform benutzt wird.

Auch *Catering* und *Partyservice* (entweder aus speziellen Unternehmen oder Zweitgeschäften aus der Gastronomie, dem Handwerk oder GV-Betrieben) bezeichnen Verpflegungsvorgänge, die eine Produktion von Speisen in einer bestellten Menge einer oder mehrerer Speisen/Menükomponenten nach gleicher Rezeptur für eine bestimmte Gruppe von Verpflegungsteilnehmern zeitgleich herstellen und zur Abgabe an einen anderen Ort ausliefern (lassen).

Auch die regelmäßige Belieferung von Großküchen oder anderen Lebensmittelunternehmen an private Haushalte mit Speisen (mobile Mahlzeitendienste), wie z. B. im sozialen Dienst „Essen auf Rädern“, muss Kriterien der Speisenversorgung im GV-Bereich erfüllen.

Das À-la-carte-Geschäft in Restaurants und Gaststätten wurde aus dem GV-Bereich deshalb ausgegrenzt, weil es zu viele Varianten auch kleinster Betriebsstätten gibt, die mit der Einhaltung aller Vorgaben der Norm für die GV-Großküchen überfordert wären und die individuelle Herstellung und Einzelportionierung nach Kundenbestellung nicht zur GV-Definition passen.

Außerdem werden die Verpflegungsvorgänge der sonstigen „Außer-Haus-Verpflegung“ über Imbissbuden, Schnellrestaurants, Pizzadienst etc. in der Normenreihe DIN 10500 ff. regelmäßig vom Geltungsbereich ausgegrenzt.

3.1.10

Lebensmittelhygiene

Hygiene

Maßnahmen und Vorkehrungen, die notwendig sind, um Gefahren unter Kontrolle zu bringen und zu gewährleisten, dass ein Lebensmittel unter Berücksichtigung seines Verwendungszwecks für den menschlichen Verzehr tauglich ist

Anmerkung 1 zum Begriff: Maßnahmen zur Sicherstellung der Lebensmittelhygiene umfassen unter anderem:

a) Produkthygiene:
   1) Auswahl geeigneter Rohstoffe;
   2) Einhaltung geeigneter Lagerbedingungen, z. B. durch adäquate Temperatur-Zeit-Relationen;
   3) Vermeidung und Verhinderung von nachteiliger Beeinflussung;

b) Produktionshygiene:
   1) geeignete Prozessabläufe, z. B. durch adäquate Temperatur-Zeit-Relationen;

2) geeignete Räume;

3) geeignete Ausrüstung;

c) Personalhygiene:

1) saubere Arbeitsbekleidung;

2) Maßnahmen, wie z. B. Händehygiene;

3) Schulung und Unterweisung;

d) HACCP-Konzept.

Anmerkung 2 zum Begriff: Der Begriff „Lebensmittelhygiene" wird im folgenden „Hygiene" genannt.

Anmerkung 3 zum Begriff: Die Vorkehrungen für die Stufen der Herstellung, der Behandlung und des Inverkehrbringens können Maßnahmen für die Vorstufen und die Primärproduktion auslösen.

[QUELLE: Verordnung (EG) Nr. 852/2004, modifiziert – Anmerkung 1 zum Begriff bis Anmerkung 3 zum Begriff wurden hinzugefügt.]

Nach der rechtlichen Definition der Verordnung (EG) Nr. 852/2004 richten sich alle Maßnahmen und Vorkehrungen danach aus, dem Zweck dienlich zu sein. Dieser Zweck ist die Gewährleistung der Lebensmittelsicherheit und Verzehrstauglichkeit von Lebensmitteln für den Menschen und soll daher auch in der Normungsarbeit zur Lebensmittelhygiene an erster Stelle berücksichtigt werden.

Die Anmerkungen 1 und 2 wurden in der Normung der Definition zugestellt, um den Umfang und Geltungsbereich der Lebensmittelhygiene zu erläutern.

In der Normenreihe DIN 10500 ff. findet man mehrere DIN-Normen, die Einzelaspekte der Strichaufzählung der Anmerkung 1 speziell betrachten, oder auch Normen, die komplexe Vorgänge beschreiben und Anforderungen bestimmen.

3.1.11

Primärerzeugnisse

Erzeugnisse aus primärer Produktion einschließlich Anbauerzeugnissen, Erzeugnissen aus der Tierhaltung, Jagderzeugnissen und Fischereierzeugnissen

[QUELLE: Verordnung (EG) Nr. 852/2004]

Die Gewinnung von Primärerzeugnissen wie Ernte, Melken, Schlachtung, Fischfang und Jagd ist in der Verordnung (EG) Nr. 852/2004 mit eigenen Hygieneanforderungen für die Primärproduktion im Anhang I gesondert geregelt worden. Die so gewonnenen Primärerzeugnisse, für die damit auch schon vor deren Gewinnung wichtige Vorgaben des Lebensmittelrechts gelten, sind der eigentliche Startpunkt der Lebensmittelkette (sieht man von Anhang I, z. B. der Fütterung ab, siehe oben) und sind daher für den Eintrag von Mikroorganismen, Rückständen und Kontaminanten von besonderer Bedeutung.

Beispiele für die Zuordnung zu den Primärerzeugnissen:

- Die beim Melken gewonnene Rohmilch ist ein Primärerzeugnis. Konsummilch, Milcherzeugnisse und Käse sind es nicht mehr.
- Eier, da diese bis zum Verbraucher so nicht weiterverarbeitet werden. Mit dem Kochen oder Aufschlagen endet dann die Eingruppierung als Primärerzeugnis.
- Lebende Fische sind nach dem Fangen auf offenem Meer einschließlich Schlachten, Entbluten, Köpfen, Ausnehmen, Entfernen von Flossen, Kühlung und Tiefkühlung an Bord bis hin zur Anlandung im Hafen Primärerzeugnisse. Fische aus Aquakulturen und an Land geschlachtete und weiter verarbeitete Tiere sind nach Auffassung der EU-Kommission keine Primärerzeugnisse mehr.
- Lebende Muscheln sind nur von der Ernte bis zur weiteren Verarbeitung (Reinigung, Waschen, Sortieren, Verpacken) an Land Primärerzeugnisse. Für Fische und Muscheln gelten darüber hinaus besondere Bestimmungen der Verordnung (EG) Nr. 853/2004.
- Schlachttiere sind, dieser Logik der EU-Kommission folgend, Primärerzeugnisse. Die geschlachteten Tierkörper zählen nicht mehr dazu.
- Wild zählt zu den Primärerzeugnissen, wenn es gejagt und bis auf das Ausnehmen nicht weiter behandelt wurde. Bei Gatterwild gilt das nur für lebende Tiere bis zur Schlachtung.
- Obst und Gemüse sind Primärerzeugnisse, die als solche gehandelt werden. Durch Verarbeitungsvorgänge wie Vorzerkleinern fallen sie aus der Regelung raus.

Diese Abgrenzungen sind wichtig, da sich hieraus unterschiedliche Hygieneanforderungen für die Primärerzeugnisse einerseits sowie die weiteren unverarbeiteten oder verarbeiteten Erzeugnisse andererseits (siehe Abschnitt 3.1.15 ff.) ergeben.

3.1.12

leicht verderbliches Lebensmittel

Lebensmittel, das in mikrobiologischer Hinsicht in kurzer Zeit leicht verderblich ist und dessen Verkehrsfähigkeit nur bei Einhaltung bestimmter Temperaturen oder sonstiger Bedingungen erhalten werden kann

Anmerkung 1 zum Begriff: Bei vorverpackten, leicht verderblichen Lebensmitteln wird stets ein Mindesthaltbarkeitsdatum angegeben.

[QUELLE: LMHV, modifiziert – Anmerkung 1 zum Begriff wurde hinzugefügt.]

Die Definition der Gruppe der *leicht verderblichen Lebensmittel* ergibt sich aus § 2 (1) Buchstabe 2 der Lebensmittelhygiene-Verordnung (LMHV) und wurde so auch normativ festgelegt.

Lebensmittel sind dann leicht verderblich, wenn sie aufgrund:

- ihrer Zusammensetzung (wie hoher Eiweiß-, Zucker- und/oder Fettgehalt) **und**
- ihrer Beschaffenheit (insbesondere hoher Wassergehalt und pH-Wert zwischen 6 und 7)
- ohne ausreichende Kühlung
- in kurzer Zeit eine starke Vermehrung von Krankheits- oder Verderbniserregern ermöglichen. Diese können natürlich, durch die Erzeugung, den Schlachtvorgang oder die weitere Behandlung auf der Oberfläche oder auch im Inneren des Lebensmittels als Grundkontamination vorhanden sein.

Die Begriffsbestimmung legt für die Eingruppierung in die Gruppe der *leicht verderblichen Lebensmittel* zunächst eine bestimmte Beschaffenheit der Lebensmittel fest. Daraus leitet sich die Kühlbedürftigkeit ab, weil (und das ist das Ergebnis der Gefahrenanalyse!) sich in den Lebensmitteln sonst natürlich vorkommende oder als Kontaminante anwesende Keime stark vermehren können. Im Gegensatz zu den *sehr leicht verderblichen Lebensmitteln* (siehe Abschnitt 3.1.13) wird bereits die starke Keimvermehrung als ausreichendes Kriterium genannt, es muss nicht eine spezielle gesundheitliche Gefahr für den Verbraucher vorliegen.

Zu dieser Gruppe von Lebensmitteln gehören daher insbesondere alle rohen Erzeugnisse tierischer Herkunft wie Fleisch, Fisch, Meeresfrüchte und Geflügel (soweit sie nicht als *sehr leicht verderblich* eingruppiert wurden) sowie daraus hergestellte Erzeugnisse wie z. B. Wurst, Feinkostsalate und Molkereiprodukte wie Sahne und Konsummilch. Auch Konditoreiwaren, die z. B. mit Sahne hergestellt werden, sind kühlbedürftig, weil diese kühlbedürftigen Bestandteile leicht verderben können.

Für die Gruppe der *leicht verderblichen Lebensmittel* hat der Inverkehrbringer für vorverpackte Lebensmittel gemäß der Verordnung (EU) Nr. 1169/2011 des Europäischen Parlaments und des Rates vom 25. Oktober 2011 betreffend die Information der Verbraucher über Lebensmittel (LMIV) nach § 9 ein Mindesthaltbarkeitsdatum (MHD) und eine dazugehörige Lagertemperatur zu bestimmen und entsprechend zu kennzeichnen. Soweit die Temperaturangabe für die Lagerung des Produktes von den o. a. Empfehlungen der Experten in der DIN 10508 abweicht, ist die Kennzeichnung des Herstellers vorrangig zu beachten.

Bei Erreichen des Datums der Mindesthaltbarkeit entscheidet der Besitzer des leicht verderblichen Lebensmittels und damit möglicher weiterer Inverkehrbringer, wie weiter mit dem Lebensmittel umzugehen ist. Es ist zu prüfen, ob es noch sicher und genusstauglich ist. Es ist dabei auch zu unterscheiden, ob ein Lebensmittel verarbeitet oder unmittelbar an Endverbraucher abgegeben werden soll. Da der Keimgehalt im Lebensmittel nicht sensorisch erkennbar ist, ist diese Entscheidung schwierig und bedarf einer sorgfältigen Abwägung im Einzelfall.

Ein Verkauf von leicht verderblichen Lebensmitteln mit abgelaufenem MHD wäre bei ausreichender Kenntlichmachung zum Zeitpunkt der Bestellung zwar theoretisch möglich, ist praktisch aber unrealistisch. Der Versandhändler müsste die Haftung für die einwandfreie Beschaffenheit und Lebensmittelsicherheit sowie eine angemessene, allgemein noch zu erwartende Verwendungszeit beim Endverbraucher selbst übernehmen, kann diese aber nicht am Tag der Zustellung selbst pflichtgemäß prüfen.

Auch ein Versand von leicht verderblichen Lebensmitteln, deren MHD schon in kürzester Zeit ablaufen wird, muss bei der Bestellung kenntlich gemacht werden, da die üblicherweise zu erwartende Verwendungszeit, z. B. weitere Lagerung im Haushalt bis zum Verbrauch, nicht gewährleistet wäre. Daher ist auch diese Möglichkeit in der Praxis des Onlinehandels nur sehr schwer zu realisieren.

Beim Festlegen des MHD, als Ergebnis von Gefahrenanalyse und Risikobewertung, kann das Unternehmen dabei nicht von der Annahme ausgehen, dass das Produkt mit Ablauf des MHD nicht mehr verzehrt werden wird. Im Gegenteil: Bei der Risikobewertung muss der *intended use*, also das unter vernünftigen

Bedingungen anzunehmende Verbraucherverhalten, mit einkalkuliert werden. In einer Zeit, in der die Bemühungen in die Richtung gehen, Lebensmittelverschwendung möglichst zu reduzieren und den Verbraucher dahingehend zu informieren, dass er ein Lebensmittel eben nicht mit Ablauf vom MHD automatisch entsorgen muss, sondern es nach grobsinnlicher Prüfung und nicht festgestellter Abweichung weiterhin konsumiert kann, wird das zunehmend wichtig. Das heißt, die Festlegung des MHD muss diesen Zeitraum, innerhalb dessen der Verbraucher das Lebensmittel nach MHD-Ablauf trotzdem noch konsumieren wird, in der Risikobetrachtung mit berücksichtigen. Das Lebensmittel muss auch zu diesem Zeitpunkt (nicht nur zum MHD-Ablauf) noch sicher sein.

3.1.13

sehr leicht verderbliches Lebensmittel

Lebensmittel, das in mikrobiologischer Hinsicht sehr leicht verderblich ist und nach kurzer Zeit eine unmittelbare Gefahr für die menschliche Gesundheit darstellen kann

Anmerkung 1 zum Begriff: Art. 24 Absatz 1 der VO (EU) Nr. 1169/2011 sieht für vorverpackte sehr leicht verderbliche Lebensmittel vor, dass das Mindesthaltbarkeitsdatum durch das Verbrauchsdatum zu ersetzen ist. Nach Ablauf des Verbrauchsdatums gilt ein Lebensmittel als nicht sicher im Sinne von Artikel 14 Absätze 2 bis 5 der Verordnung (EG) Nr. 178/2002.

Anmerkung 2 zum Begriff: Die Lebensmittelsicherheit und Verkehrsfähigkeit kann nur bei Einhaltung bestimmter, risikoorientiert festgelegter Lagertemperaturen sichergestellt werden. Darüber hinaus können auch weitere Bedingungen Berücksichtigung finden.

[QUELLE: Verordnung (EU) 1169/2011, modifiziert – Anmerkung 1 zum Begriff und Anmerkung 2 zum Begriff wurden hinzugefügt.]

Im Gegensatz zu *den leicht verderblichen Lebensmitteln* orientiert sich die Eingruppierung von *sehr leicht verderblichen Lebensmitteln* zusätzlich an der größer eingeschätzten mikrobiologischen Gefahr für die menschliche Gesundheit, was durch die Formulierung *„nach kurzer Zeit eine unmittelbare Gefahr für die menschliche Gesundheit darstellen"* zum Ausdruck kommt.

Es gibt aber keine rechtliche Abgrenzung zwischen den beiden Lebensmittelgruppen. Daher obliegt es allein dem verantwortlichen Lebensmittelunternehmer, auf der Basis seiner Gefahrenanalyse und Risikobewertung die Eingruppierung vorzunehmen.

Das kann im Ergebnis aber zu Konflikten führen, insbesondere dann, wenn die Gefahr einer gesundheitlichen Beeinträchtigung von Menschen tatsächlich eingetreten ist.

Das Problem liegt hier insbesondere in dem unbestimmten Rechtsbegriff „*nach kurzer Zeit*“. Was ist „nach kurzer Zeit“? Kann ein Lebensmittel, das eine Haltbarkeit von voraussichtlich ca. 14 Tagen hat, eigentlich unter den Begriff des kurzzeitlichen Verderbs fallen?

Ja, das kann es.

14 Tage sind zwar keine kurze Zeit. Aber es gibt Lebensmittel, die voraussehbar bis zum Tag 14 noch kalkulierbar sicher sind, danach aber sehr schnell sehr gefährlich werden können, insbesondere im Hinblick auf die Gefahr durch *Listeria monocytogenes*. Das hängt mit den Wachstumscharakteristika dieses Bakteriums zusammen.

Auch ein Produkt, das eine Haltbarkeit von 18 Tagen ausweist und mit einer Schutzgasatmosphäre verpackt ist, kann sehr schnell verderben, wenn der Verbraucher die Verpackung irgendwann öffnet und das Schutzgas entweicht.

Das BfR veröffentlicht als Anhalt regelmäßig solche Einschätzungen zu einzelnen Lebensmitteln und zu den Gefahren, die aus Kontaminationen mit speziellen Keimen zu erwarten sind. Aufgrund der wissenschaftlichen Expertise und der davon abgeleiteten, immer wieder aktualisierten Meinungen der Sachverständigen kommt es zu fließenden Abgrenzungen, ob ein bestimmtes Lebensmittel ggf. in einer bestimmten Angebotsform schon sehr leicht verderblich ist.

Als Beispiel kann hier eine Brühwurst und der daraus hergestellte, vorverpackte Aufschnitt genannt werden. Brühwurst ist ein kühlbedürftiges Fleischerzeugnis. Aufgeschnitten ist die Wurst nicht nur leicht verderblich, da sie bei der weiteren Verarbeitung rekontaminiert sein könnte. Im vorverpackten Aufschnitt kann durch eine mögliche Kontamination mit *Listeria monocytogenes* aber insbesondere gegen Ende des MHD eine gesundheitliche Gefahr entstehen, die eine Eingruppierung zu den sehr leicht verderblichen Lebensmitteln begründet.

Das in der Verordnung (EU) Nr. 1169/2011 geforderte Verbrauchsdatum (VD) (siehe Abschnitt 3.1.23) ist ebenfalls im Ermessen des verantwortlichen Lebensmittelunternehmers festzulegen. Nicht nur bei der Entscheidung, ob MHD oder VD, sondern auch beim Festsetzen des VD, müssen die o. g. Aspekte zur Risikobewertung unbedingt berücksichtigt werden. In jedem Fall muss das Lebensmittel beim endgültigen Verzehr sicher sein.

3.1.14

genusstaugliches Lebensmittel

unter Hygienegesichtspunkten zum Verzehr geeignetes Lebensmittel

Der Begriff der *Genusstauglichkeit* ist weiter gefasst als der enge Begriff des mikrobiologisch sicheren Lebensmittels. *Genusstauglich* bedeutet zunächst, dass es Verbraucher grundsätzlich essen können.

Für die Genussuntauglichkeit von sicheren Lebensmitteln sind daher andere Kriterien mit zu berücksichtigen.

Beispiele für Genussuntauglichkeit sind nicht unmittelbar gesundheitsgefährdende, i. d. R. chemische Kontaminationen, aber auch besondere Umstände wie Verunreinigungen durch Tiere oder Schädlingsbefall im Betrieb oder im Lebensmittel oder andere unhygienische Herstellungsbedingungen („wenn der Verbraucher das wüsste, würde er das Produkt nicht mehr essen ...“), die ekelerregend für den Verbraucher sind.

Dazu kommen Aspekte, die die qualitativen Eigenschaften eines Lebensmittels negativ beeinflussen, aber einen Verzehr eines Lebensmittels bezüglich einer gesundheitlichen Beeinträchtigung der Verbraucher noch zuließen. Dazu gehört z. B. Ranzigkeit von Fetten und Ölen, Verfärbungen oder Texturveränderung, durch die ein Lebensmittel zwar noch verzehrfähig wäre, aber nicht mehr genusstauglich ist.

3.1.15

Erzeugnisse tierischen Ursprungs

Lebensmittel tierischen Ursprungs, einschließlich Honig und Blut, zum menschlichen Verzehr bestimmte lebende Muscheln, lebende Stachelhäuter, lebende Manteltiere und lebende Meeresschnecken sowie sonstige Tiere, die lebend an den Endverbraucher geliefert werden und zu diesem Zweck entsprechend vorbereitet werden sollen

Anmerkung 1 zum Begriff: Darunter fallen auch Gliedertiere oder Erzeugnisse daraus, siehe Arbeitspapier der Länderarbeitsgemeinschaft für Fleisch- und Geflügelfleischhygiene und fachspezifische Fragen von Lebensmitteln tierischer Herkunft (AFFL) zum Inverkehrbringen von Insekten und daraus hergestellten Produkten als Lebensmittel.

[QUELLE: Verordnung (EG) Nr. 853/2004, modifiziert – Anmerkung 1 zum Begriff wurde hinzugefügt.]

Der Begriff umschreibt alles, was als Lebensmittel dienen soll und vom Tier stammt. Zur unterschiedlichen Einordnung von Primärerzeugnissen und Erzeugnissen tierischen Ursprungs gibt es orientierende Rechtsinterpretationen (siehe Abschnitt 3.1.11). Der Begriff der *Erzeugnisse tierischen Ursprungs* ist enger gefasst als der Begriff der *Primärerzeugnisse* an sich (siehe Abschnitt 3.1.11), da er sich ausschließlich auf Lebensmittel tierischen Ursprungs und den auch darunter subsumierten Tieren bezieht. Pflanzliche Primärerzeugnisse sind nicht erfasst.

Von jeher zählt man z. B. die in der Begriffsbestimmung angegebenen lebenden Muscheln zu den Erzeugnissen tierischen Ursprungs, obwohl sie – frisch geerntet und noch nicht gewaschen und versandfertig gemacht – ein Primärerzeugnis sind, so aber nicht in den Handel gelangen.

Neuerdings werden zu den Erzeugnissen tierischen Ursprungs auch solche von Lebewesen gezählt, die im europäischen Lebensmittelrecht bislang nicht mitgezählt wurden. Mit der Erläuterung in Anmerkung 1 wird daher ergänzt, dass z. B. Insekten und deren Larvenstadien (Heuschrecken, Grillen oder Mehlwürmer etc.) und Produkte daraus (*Novel food*) zu den Lebensmitteln zählen können, wenn dies in der Zweckbestimmung zum Ausdruck gebracht und durch den Gesetzgeber anerkannt wird.

Bei der Schlachtung von unseren Nutztieren werden grundsätzlich Erzeugnisse tierischen Ursprungs gewonnen. Dazu ergänzend dient der Begriff der unverarbeiteten Erzeugnisse (siehe Abschnitt 3.1.17) zur weiteren Abgrenzung.

Von dem Begriff abgetrennt sind alle Produkte, die aus Erzeugnissen hergestellt werden (siehe Abschnitt 3.1.18).

3.1.16

Verarbeitung

wesentliche Veränderung des ursprünglichen Erzeugnisses, beispielsweise durch Erhitzen, Räuchern, Pökeln, Reifen, Trocknen, Marinieren, Extrahieren, Extrudieren oder durch eine Kombination dieser verschiedenen Verfahren

[QUELLE: Verordnung (EG) Nr. 852/2004]

Die Begriffsbestimmung beinhaltet die heute gebräuchlichsten Verarbeitungsarten von ursprünglichen Erzeugnissen zu Lebensmitteln, bei denen die bestimmenden Eigenschaften (z. B. Aussehen, Textur, Haltbarkeit) eines ursprünglichen Erzeugnisses verändert werden. Es ist aber eine nicht abschließende Aufzählung, um künftige Verarbeitungsarten zu ermöglichen.

Mit jeder Verarbeitung verlässt ein Primärerzeugnis den Geltungsbereich der Primärproduktion und wechselt damit in den Geltungsbereich der Lebensmittelproduktion mit den Anforderungen der Anlage II der Verordnung (EG) Nr. 852/2004.

3.1.17

unverarbeitete Erzeugnisse

Lebensmittel, die keiner Verarbeitung unterzogen wurden, einschließlich Erzeugnisse, die geteilt, ausgelöst, getrennt, in Scheiben geschnitten, ausgebeint, fein zerkleinert, enthäutet, gemahlen, geschnitten, gesäubert, garniert, enthülst, geschliffen, gekühlt, gefroren, tiefgefroren oder aufgetaut wurden

[QUELLE: Verordnung (EG) Nr. 852/2004]

Im Umkehrschluss sind alle Tätigkeiten, die hier in der Begriffsbestimmung aufgezählt sind, keine Verarbeitung (siehe Abschnitt 3.1.16). Wichtig ist dabei, dass die Vorgänge sich auf die Erzeugnisse selbst beziehen. Wenn z. B. Getreide gemahlen wird, ist es noch nicht verarbeitet. Wenn dem Mehl aber andere Zutaten zugemengt werden oder Bestandteile abgetrennt werden vor der Abfüllung, dann erfolgt eine Verarbeitung. Das grob gewürfelte Fleisch für ein Gulasch in der Metzgereitheke gehört noch zum *frischen Fleisch*, da es nur ausgebeint und geschnitten wurde. Wird das Fleisch anschließend gewürzt, ist es ein Verarbeitungserzeugnis.

Neben dem frischen Fleisch zählen auch die sogenannten Schlachtnebenprodukte wie Innereien zu den unverarbeiteten Erzeugnissen tierischen Ursprungs. Bei Fischen gibt es besondere Abgrenzungen (siehe Abschnitt 3.1.11). Wird das Primärerzeugnis gejagtes Wild aus der Decke geschlagen (enthäutet), wird es zu einem unverarbeiteten Erzeugnis. Frische Hühnereier sind unverarbeitete Erzeugnisse.

3.1.18

Verarbeitungserzeugnisse

Lebensmittel, die aus der Verarbeitung unverarbeiteter Erzeugnisse hervorgegangen sind; diese Erzeugnisse können Zutaten enthalten, die zu ihrer Herstellung oder zur Verleihung besonderer Merkmale erforderlich sind

[QUELLE: Verordnung (EG) Nr. 852/2004]

Aus den Begriffsbestimmungen Abschnitt 3.1.15 bis Abschnitt 3.1.17 ergibt sich zwangsläufig, was alles unter den Begriff eines *Verarbeitungserzeugnisses* fällt.

So sind z. B. alle Produkte, die man aus Milch oder Eiern herstellt, Verarbeitungserzeugnisse. Auch die Herstellung von Erzeugnissen aus einer Mischung von Erzeugnissen tierischen Ursprungs und pflanzlicher Herkunft führt im Ergebnis zu einem Verarbeitungserzeugnis.

So wird aus dem Primärerzeugnis Rohmilch ein Erzeugnis tierischen Ursprungs Joghurt und aus dem Joghurt mit Obstzusatz ein Verarbeitungserzeugnis Fruchtjoghurt.

3.1.19

Herstellen

Gewinnen, einschließlich des Schlachtens oder Erlegens lebender Tiere, deren Fleisch als Lebensmittel zu dienen bestimmt ist, das Herstellen, das Zubereiten, das Be- und Verarbeiten und das Mischen

[QUELLE: LFGB]

Die Begriffsbestimmungen Abschnitt 3.1.19 und Abschnitt 3.1.20 umschreiben den Unterschied zwischen einzelnen Tätigkeiten, die verschiedenen Tätigkeiten und Bestimmungen im Lebensmittelrecht zuzuordnen sind.

Das Herstellen umfasst alle Arbeitsschritte, die unmittelbar das Lebensmittel selbst betreffen.

3.1.20

Behandeln

Wiegen, Messen, Um- und Abfüllen, Stempeln, Bedrucken, Verpacken, Kühlen, Gefrieren, Tiefgefrieren, Auftauen, Lagern, Aufbewahren, Befördern sowie jede sonstige Tätigkeit, die nicht als Herstellen oder Inverkehrbringen anzusehen ist

[QUELLE: LFGB]

Das Behandeln umfasst alle Arbeitsschritte, bei denen mit einem Lebensmittel umgegangen wird. Das bedeutet, das Lebensmittel selbst wird nicht über die hier aufgelisteten Tätigkeiten hinaus be- oder verarbeitet, und es wird nichts hergestellt.

Als zusätzlicher Aspekt ist auch das Inverkehrbringen in diese Begriffsbestimmung mit aufgenommen worden.

3.1.21

Kommissionieren

Zusammenstellen von bestimmten Teilmengen aus einer bereitgestellten Gesamtmenge nach vorgegebenen Bedarfsinformationen

Anmerkung 1 zum Begriff: Dies kann das Portionieren eines Erzeugnisses oder auch das Zusammenstellen verschiedener Waren für einen Kundenauftrag sein.

[QUELLE: DIN 15185-2:2013-10, 3.7, modifiziert – Anmerkung 1 zum Begriff wurde hinzugefügt.]

Der Begriff ist für alle Vorgänge im Handel gebräuchlich, bei denen ein Verkäufer eine bestellte Menge einer Ware oder mehrere Produkte für die Auslieferung an den Besteller bereit- bzw. zusammenstellt. Im Bereich der Lebensmittelhygiene ist das nicht anders, nur dass hierbei besondere hygienische Anforderungen an den Umgang mit Lebensmitteln auch während der Bereitstellung strikt zu beachten sind. Dazu gehören die Temperaturanforderungen, der Schutz vor nachteiliger Beeinträchtigung (untereinander und durch Umwelteinflüsse) und die Beachtung der hygienischen Anforderungen an den Umgang mit den Lebensmitteln selbst.

3.1.22

Inverkehrbringen

Bereithalten von Lebensmitteln oder Futtermitteln für Verkaufszwecke einschließlich des Anbietens zum Verkauf oder jeder anderen Form der Weitergabe, gleichgültig, ob unentgeltlich oder nicht, sowie den Verkauf, den Vertrieb oder andere Formen der Weitergabe selbst

Anmerkung 1 zum Begriff: Für Futtermittel, die zur oralen Tierfütterung von nicht der Lebensmittelgewinnung dienenden Tieren bestimmt sind, kosmetische Mittel, Bedarfsgegenstände und mit Lebensmitteln verwechselbare Produkte gilt Artikel 3 Nr. 8 der Verordnung (EG) Nr. 178/2002 entsprechend.

[QUELLE: Verordnung (EG) Nr. 178/2002, modifiziert – Anmerkung 1 zum Begriff wurde hinzugefügt]

Das Inverkehrbringen ist ein Vorgang, der für den Geltungsbereich von lebensmittelrechtlichen Bestimmungen wesentliche Bedeutung hat. Wenn ein Produkt hergestellt wird, muss dessen Zweckbestimmung festgelegt werden. So kann eine Wurst für den menschlichen Verzehr bestimmt sein oder Tierfutter werden. Ist der Zweck „Lebensmittel" festgelegt, so ist das Lebensmittel auch schon vor der Abgabe als solches zu behandeln. Daher zählt bereits das Anbieten zum Inverkehrbringen. Die Form der Abgabe/Weitergabe wie verkauft, verschenkt, überlassen o. Ä. ist dabei unmaßgeblich.

Im Umkehrschluss sind Produkte, die noch nicht fertig sind, noch nicht in Verkehr gebracht. Das Fleischkäsebrät, welches noch abgebacken werden muss, ist nicht in Verkehr gebracht. Wenn das Brät aber in Formen abgefüllt wird, um es als Brühwursthalbfabrikat an den Verbraucher zum Selbstbacken abzugeben, wird es zum Verkauf angeboten, es ist also in Verkehr gebracht.

Für alle leicht verderblichen Lebensmittel bedeutet das, dass diese bereits bei der Lagerung und Bereitstellung zum Verkauf entsprechend zu kühlen sind. Die vorgeschriebene Kennzeichnung und im Falle der vorverpackten Lebensmittel auch die Festlegung des Mindesthaltbarkeitsdatums (MHD) oder Verzehrdatums (VD) muss aber erst beim Inverkehrbringen angebracht sein.

3.1.23

Verbrauchsdatum

Zeitpunkt, bis zu dem ein Lebensmittel zu verbrauchen ist und nach dessen Ablauf das Lebensmittel nicht mehr in den Verkehr gebracht werden darf und als nicht mehr sicher gilt

Anmerkung 1 zum Begriff: Das Verbrauchsdatum ist für vorverpackte, sehr leicht verderbliche Lebensmittel (gemäß Artikel 24 Verordnung (EU) Nr. 1169/2011) anzugeben.

Das Verbrauchsdatum ist der Endpunkt einer möglichen Verbrauchsfrist, für die der Lebensmittelunternehmer mit der Festlegung die Zusicherung gemacht hat, dass das Lebensmittel bei Einhaltung der in Verbindung mit der Angabe bestimmten Kühlung bis zum Endpunkt sicher ist.

Das Verbrauchsdatum ergibt sich aus der mikrobiologischen Gefahrenanalyse und Risikobewertung sehr leicht verderblicher Lebensmittel und der gesundheitlichen Unbedenklichkeit beim Verzehr. Mit Ablauf der Frist ist das Lebensmittel daher als nicht mehr sicher im Sinne der EU-Basisverordnung (EG) Nr. 178/2002 Artikel 14 anzusehen und muss unschädlich beseitigt werden.

Es ist keine Prüfung zur weiteren Verwendung oder Abgabe des Lebensmittels, auch nicht als Geschenk, Spende o. Ä. mehr möglich.

3.1.24

Mindesthaltbarkeitsdatum

Datum, welches der Lebensmittelhersteller festlegt und bis zu dem er garantiert, dass dieses Lebensmittel bei richtiger Aufbewahrung seine spezifischen Eigenschaften behält

Anmerkung 1 zum Begriff: Das Mindesthaltbarkeitsdatum ist weder ein Verbrauchsdatum im Sinne der Lebensmittelinformationsverordnung noch ein „Verfallsdatum".

Anmerkung 2 zum Begriff: Die spezifischen Eigenschaften eines Lebensmittels werden durch seinen Wert, d. h. durch seinen Nähr- und Genusswert, seine Brauchbarkeit, seine Zweckbestimmung und seine sonstige Beschaffenheit bestimmt.

[QUELLE: Verordnung (EU) Nr. 1169/2011, modifiziert – Der Text „welches der Lebensmittelhersteller festlegt und bis zu dem er garantiert" wurde eingefügt, Anmerkung 1 zum Begriff und Anmerkung 2 zum Begriff wurden hinzugefügt.]

Das MHD hat der Lebensmittelunternehmer selbst zu bestimmen.

Dazu muss er durch eine Gefahrenanalyse und Risikobewertung sowie Untersuchungen zur Lagerfähigkeit seines Produktes die Zeit bestimmen, in der das Lebensmittel seine spezifischen Eigenschaften behält.

Das MHD beinhaltet keine Aussagen zur gesundheitlichen Unbedenklichkeit wie das Verbrauchsdatum, weshalb mit Erreichen des Datums geprüft werden kann, ob und wie das Lebensmittel weiterverwendet oder abgegeben werden kann. Es ist ausdrücklich kein „Verfallsdatum".

Zur Vermeidung von unnötigen Abfallmengen an Lebensmitteln und der zu vermeidenden Lebensmittelverschwendung ist eine sensorische Prüfung zur weiteren Verwendung möglich.

Beim Verkauf oder einer sonstigen Abgabe an Endverbraucher muss der Verkäufer aber darauf aufmerksam machen, dass es sich um ein Produkt mit abgelaufenem MHD handelt, und damit die spezifischen Eigenschaften des Produktes ggf. nicht mehr so wie bei frischen Produkten zu erwarten sein müssen. Im Einzelhandel ist es daher üblich, die Lebensmittel mit der Deklaration „*mit verminderter Haltbarkeit*" bereits vor dem Erreichen des MHD als Sonderposten zu verkaufen.

3.1.25

Kontaminante

Stoff, der dem Lebensmittel nicht absichtlich hinzugefügt wird, jedoch als Rückstand der Gewinnung – einschließlich der Behandlungsmethoden in Ackerbau, Viehzucht und Veterinärmedizin – Fertigung, Verarbeitung, Zubereitung, Behandlung, Aufmachung, Verpackung, Beförderung oder Lagerung des betreffenden Lebensmittels oder in Folge einer Verunreinigung durch die Umwelt im Lebensmittel vorhanden ist. Der Begriff umfasst nicht ungewollte Überreste von Insekten, Tierhaare und anderen Fremdbesatz

[QUELLE: Verordnung (EWG) Nr. 315/93, modifiziert – „ungewollte" hinzugefügt.]

Die Begriffsbestimmung grenzt eine bewusste Zugabe einer Zutat oder eines Zusatzstoffes gemäß einer Rezeptur von einer unbeabsichtigten oder ungewollten Anwesenheit eines Stoffes auf oder in einem Lebensmittel ab. Im weiteren Text werden unterschiedliche Herkünfte von möglichen Kontaminanten genannt.

(siehe Abschnitt 3.1.27). Da auch Insekten als Lebensmittel zum Einsatz kommen, sind nur solche, die ungewollt auftreten, als Kontamination anzusehen.

3.1.26

nachteilige Beeinflussung

Ekel erregende oder sonstige Beeinträchtigung der einwandfreien hygienischen Beschaffenheit von Lebensmitteln, wie durch Mikroorganismen, Verunreinigungen, Witterungseinflüsse, Gerüche, Temperaturen, Gase, Dämpfe, Rauch, Aerosole, tierische Schädlinge, menschliche und tierische Ausscheidungen sowie durch Abfälle, Abwässer, Reinigungsmittel, Pflanzenschutzmittel, Tierarzneimittel, Biozid-Produkte oder ungeeignete Behandlungs- und Zubereitungsverfahren

[QUELLE: LMHV]

Jede nachteilige Beeinflussung beeinträchtigt die Genusstauglichkeit und/oder die Lebensmittelsicherheit eines Lebensmittels. Sie kann daher dazu führen, dass ein Lebensmittel nicht mehr verzehrfähig ist, in seinem Genusswert gemindert wurde oder sogar nicht mehr sicher ist.

Lebensmittelhygienische Maßnahmen zielen darauf ab, die nachteilige Beeinflussung von Lebensmitteln zu verhindern oder weitgehend zu minimieren.

3.1.27

Kontamination

Vorhandensein oder Hereinbringen einer Gefahr

Anmerkung 1 zum Begriff: Nach Anhang II, Kapitel IX Nr. 3 der VO (EG) Nr. 852/2004 sind Lebensmittel auf allen Stufen der Erzeugung, der Verarbeitung und des Vertriebs vor Kontaminationen zu schützen, die sie für den menschlichen Verzehr ungeeignet oder gesundheitsschädlich machen bzw. derart kontaminieren, dass ein Verzehr in diesem Zustand nicht zu erwarten wäre.

Anmerkung 2 zum Begriff: Umgangssprachlich wird unter dem Begriff Kontamination häufig eine nachteilige Beeinflussung verstanden. Der Begriff Kontamination ist aber enger gefasst, da er sich in der Rechtsdefinition auf das Vorhandensein einer Gefahr bezieht.

[QUELLE: Verordnung (EG) Nr. 852/2004, modifiziert – Anmerkung 1 zum Begriff und Anmerkung 2 zum Begriff wurden hinzugefügt.]

Eine Kontamination kann aus sehr unterschiedlichen Herkünften und Ursachen herrühren. Es kommen alle in Anmerkung 2 aufgeführten Quellen wie Schmutz, Luftverunreinigungen aus der Umwelt, Schädlinge sowie Verschmutzungen aus nicht ausreichend gereinigten Flächen, Arbeitsutensilien und Geräten infrage. Auch die rohen Zutaten können per se schon kontaminiert sein und zu einer weiteren Kontamination von Produkten führen.

Gefahren durch Kontamination für die gesundheitliche Beeinträchtigung des Menschen entstehen in erster Linie aus Mikroorganismen, speziell unerwünschten, die Herstellung gefährdenden Keimen und solchen, die als Krankheitserreger eingestuft sind.

Beispiele dafür sind Wildhefen, die zu einer Fehlgärung führen und so als Endprodukt neben dem Ethanol auch das giftige Methanol produzieren und andere giftige Stoffwechselprodukte in einem Lebensmittel anreichern. Bei der Ernte von Feldfrüchten, Blattgewürzen und Kräutern führen anhaftende Erde oder Tiere und deren Ausscheidungen zu Kontaminationen. So führt eine Kontamination von Gewürzen z. B. mit Salmonellen und *E. coli*-Keimen u. U. zu einer nachfolgenden Kontamination von verzehrfertigen Speisen und einer gefährlichen Keimvermehrung in den Produkten.

Die in der Regel nicht auszuschließende Kontamination von Fleisch während der Gewinnung führt zur Einschleppung von Keimen, ggf. auch pathogener Mikroorganismen, und ist so primär bereits eine Gefahr. Diese kann über die Kontamination von anderen Lebensmitteln und Bedarfsgegenständen in der Küche (siehe Abschnitt 3.1.28) zu einer Keimverschleppung führen, die wiederum eine Kontaminationsquelle darstellen kann.

Auch chemische Kontaminationen, z. B. aus der Umwelt durch Pestizide in der Landwirtschaft, aus der (Ab-)Luft der Industrie durch *fall out* und chemische Verunreinigungen von Oberflächenwasser und Fließgewässern sowie der Einsatz von chemischen Substanzen wie Reinigungsmitteln, Desinfektionsmitteln, Schmierstoffen kommen infrage.

Schließlich können unter den Begriff der Kontamination ggf. auch solche Rohstoffe und Pflanzenteile fallen, die als Lebensmittelinhaltsstoffe natürlich vorkommen können oder als Zutat bewusst verarbeitet werden. Nüsse, Sellerie und Senfsaat sind Beispiele für ggf. allergisch wirkende Zutaten, die für empfindliche Menschen eine große Gefahr darstellen. Daher ist bei der Verarbeitung in der Produktionsstätte darauf zu achten, dass solche Inhaltstoffe nicht durch mangelhaft gereinigte Geräte bei wechselnder Produktion in andere Lebensmittel verschleppt werden.

3.1.28

Kreuzkontamination

unbeabsichtigte Verschleppung von Substanzen auf bzw. in Lebensmittel

Anmerkung 1 zum Begriff: Die Verschleppung kann unmittelbar durch Kontakt von einem Lebensmittel zum anderen oder mittelbar durch benutzte, nicht zwischengereinigte Bedarfsgegenstände oder Werkzeuge sowie Geräte und Maschinen erfolgen.

Kreuzkontamination bedeutet, dass hier zwei Stoffe oder Lebensmittel miteinander unbeabsichtigt in Kontakt kommen, was so nicht hätte stattfinden dürfen. Die Kontamination ist dann nicht zu erwarten oder vorhersehbar, da deren ursprüngliche Herkunft keine Beziehung zur Herstellung des Lebensmittels hat.

Damit sind Kreuzkontaminationen gefährlicher einzuschätzen als „normale" Kontaminationen, da gegen deren Auswirkung keine präventiven Gegenmaßnahmen getroffen werden. Nachfolgend sind die ergänzenden Begriffsbestimmungen für unterschiedliche Ursachen von Kreuzkontaminationen aufgeführt.

3.1.28.1

mikrobielle Kreuzkontamination

unbeabsichtigte Übertragung von lebensmittelverderbenden und/oder pathogenen Mikroorganismen von (meist rohen) Lebensmitteln, unzureichend gereinigten Arbeitsgeräten oder Flächen auf Lebensmittel oder Lebensmittelbedarfsgegenstände

Anmerkung 1 zum Begriff: Mikrobielle Kreuzkontamination kann direkt erfolgen, wenn ein Lebensmittel ein anderes berührt (oder darauf tropft), oder indirekt, d. h. beispielsweise durch Kontakt mit kontaminierten Händen, Geräten, Arbeitsflächen, Spritzwasser, Umverpackungen oder anderen Utensilien.

Häufig macht man Maßnahmen der Lebensmittelhygiene nur an dem Ziel der Herstellung sicherer Lebensmittel fest. Der Arbeitskreis hat auch lebensmittelverderbende Keime hier mit aufgenommen, um zu zeigen, dass Hygienemaßnahmen auch vor wirtschaftlichen Verlusten schützen.

Mit der Anmerkung wird deutlich gemacht, was alles zu Kreuzkontaminationen führen kann und dass zu deren Abwehr bauliche und organisatorische Hygienemaßnahmen wie auch insgesamt eine *Gute Herstellungspraxis* und eine *Gute Hygienepraxis* im Produktionsprozess gehören.

Im Falle einer mikrobiellen Kreuzkontamination von gegarten Speisen durch unhygienische Handhabung spricht man auch von einer *Rekontamination*, um damit deutlich zu machen, dass ein eigentlich sicheres Lebensmittel möglicherweise durch eine erneute Kontamination wieder mikrobiologisch bedenklich sein könnte. Da in diesem Falle nach dem Garprozess keine Konkurrenzkeime auf dem Lebensmittel vorhanden sind, haben die Kontaminanten im wahrsten Sinne des Wortes freies Feld, sich auszubreiten und zu vermehren, was zu einem schnellen Verderb bzw. zu einer hohen Keimzahl und damit einem erheblichen Risiko einer Gesundheitsgefährdung führen kann.

Es ist dabei für die Definition zunächst unmaßgeblich, ob die verschleppten Keime „nur" harmlose Kontaminanten oder unerwünschte Verderbniserreger sind oder auch pathogene Eigenschaften haben, die die Gesundheit der Verbraucher gefährden.

Eine Kreuzkontamination droht immer bei Missachtung von Hygienemaßnahmen, bei mangelhafter Trennung von *unreiner* und *reiner Seite* und bei Mängeln in der Produktions- sowie Personalhygiene.

In der Praxis wird der Keimeintrag durch kontaminierte Rohprodukte für die Produktion sicherer Lebensmittel häufig überschätzt und die höhere Gefahr durch Kreuzkontaminationen beim Umgang mit den Lebensmitteln unterschätzt bzw. gar nicht erkannt.

Beispiel: Bei der Herstellung einer Rohwurst setzt man gezielt Laktobazillen zur pH-Wert-Absenkung durch die von den Bakterien gebildete Milchsäure ein. Das ist eine gewünschte Wirkung. Wenn die Rohwurst aber mit einer Brühwurst in Berührung kommt oder Laktobazillen über die Aufschnittmaschine oder ein Messer auf die Wurst übertragen werden, verdirbt die Brühwurst durch die Säuerung. Die Kreuzkontamination verursacht hier einen wirtschaftlichen Schaden durch Verderb.

3.1.28.2

allergene Kreuzkontamination

unbeabsichtigte Übertragung von Allergenen

Allergene Kreuzkontaminationen spielen heute, mit zunehmender Sensibilisierung in der Bevölkerung, eine größere Rolle als in früheren Zeiten.

Daher sind wichtige, in Lebensmitteln häufig verarbeitete allergene Zutaten kenntlich zu machen. Dies soll dazu dienen, dass Allergiker solche Lebensmittel meiden können.

Der Aufdruck auf vorverpackten Lebensmitteln „*kann Spuren von ... enthalten*" oder „*in unserem Betrieb werden auch ... verarbeitet*" ist oft als juristischer Versuch der Hersteller zu werten, die Haftung für Kreuzkontaminationen abzuwehren und die eigenen Anstrengungen, solche Kreuzkontaminationen so gut wie eben möglich zu vermeiden, von vornherein gar nicht erst im eigentlich nötigen Umfang zu beginnen.

Der Kontakt zu den Allergenen kann in der Herstellung tatsächlich zufällig oder aber auch fahrlässig, von Lebensmittel zu Lebensmittel unmittelbar oder mittelbar über Arbeitsgeräte erfolgen. Wenn Geräte nicht ordnungsgemäß gereinigt werden, hilft auch der beste Aufdruck nicht vor Sanktion, da die Kreuzkontamination vermeidbar gewesen wäre. Denn durch geplante Produktionsabläufe und die erforderlichen Zwischenreinigungen kann man in einer Betriebsstätte die Kreuzkontaminationen mit Allergenen sehr gut in den Griff bekommen. Gerade die Reinigung benutzter Arbeitsgeräte und Maschinen ist eine wesentliche Präventionsmaßnahme.

Die häufige Ausrede, die Kreuzkontamination müsse von der Produktion eines anderen Lebensmittels herrühren, ist daher zunächst einmal das Eingeständnis, dass die betrieblichen Hygienemaßnahmen nicht korrekt umgesetzt wurden.

3.1.29

Schädling

lebendes oder totes Tier, das durch seine Anwesenheit, durch Teile seines Körpers, durch seine Ausscheidungen oder von ihm übertragene Organismen und Agenzien Lebensmittel nachteilig beeinflussen kann

Anmerkung 1 zum Begriff: Zu den Schädlingen gehören insbesondere kriechende Gliedertiere, fliegende Gliedertiere, Wirbeltiere, Würmer und ihre Dauerformen, tierische Einzeller, Hefen, Schimmelpilze, Algen, Bakterien, Viren und Prionen.

Anmerkung 2 zum Begriff: Schädlinge sind auch Schadorganismen im Sinne der VO (EU) Nr. 528/2012.

Schädlinge sind in erster Linie Mäuse und Ratten (sowie andere Kleinnager), Ameisen und Schaben, Fluginsekten wie Fliegen, Wespen oder Lebensmittelmotten.

Mit der Begriffsbestimmung werden aber auch die Tiere mit erfasst, die schon allein durch ihre Anwesenheit in der Betriebsstätte eine nachteilige Beeinflussung von Lebensmitteln hervorrufen können. Als Beispiel können Vögel genannt werden.

Urin und Kot von Schädlingen sind immer mikrobiologisch belastet und stellen außerdem eine ekelerregende, nachteilige Beeinflussung von Lebensmitteln dar. Dabei ist es nach einschlägiger Rechtsprechung unerheblich, ob man die Verunreinigung sehen kann oder davon nur Kenntnis erlangt.

Alle Insekten tragen unabhängig von ihrer Fortbewegungsart an den Füßen und Körpern Millionen von Keimen mit sich herum. Daher ist bei Kontakt mit Lebensmitteln immer von einer Kontamination auszugehen. Häufig kommt es bei Insekten auch zur Eiablage auf Lebensmitteln, was nachfolgend zu einer ggf. dauerhaften Ansiedlung der Insekten in der Betriebsstätte führt.

In der Anmerkung werden auch Hefen, Schimmelpilze, Bakterien und Viren als Schädlinge genannt. Diese werden im Allgemeinen aber als Mikroorganismen gesondert betrachtet. Sie können zwar über Schädlinge eingebracht werden und stellen damit das eigentliche Gefahren- und Risikopotenzial des Schädlingsbefalls dar (Kontamination des Lebensmittels mit Mikroorganismen durch den Schädling), aber sie selbst sind eigentlich keine Schädlinge im engeren Sinn der Begriffsdefinition.

3.1.30

Schädlingsbekämpfung

Gesamtheit der Maßnahmen, durch die eine nachteilige Beeinflussung der Lebensmittel durch Schädlinge vermieden wird

Anmerkung 1 zum Begriff: Die Gesamtheit der Maßnahmen umfasst nach heutigem Verständnis alle Maßnahmen zur Verhinderung des Eindringens von Schädlingen in den Betrieb, ein dokumentiertes Monitoring zur Erkennung eines möglichen Befalls und erforderlichenfalls die Bekämpfung von Schädlingen im Betrieb.

Im deutschen Sprachgebrauch werden alle Maßnahmen der mehrteiligen Basishygienemaßnahme unter der Überschrift *Schädlingsbekämpfung* zusammengefasst.

Im englischen Sprachraum spricht man von *pest control*, was sowohl die Verhinderung des Schädlingsbefalls als auch das Kontrollieren der Ab-/Anwesenheit von Schädlingen und die Beseitigung des Befalls durch die eigentlichen Schädlingsbekämpfungsmaßnahmen umfasst.

Die deutsche Übersetzung der Verordnung (EG) Nr. 852/2004 ist hier leider unscharf. Die Bekanntmachung der EU-Kommission zeigt aber im Gesamttext, dass die Mehrgliedrigkeit der Hygienemaßnahme durchaus gesehen und auch gemeint ist. Daher wurde dem Begriff die Anmerkung beigefügt.

Als Schädlinge sieht man in diesem Kontext alle Insekten (z. B. Fliegen, Wespen, Käfer, Ameisen) und alle Schadnager (z. B. Mäuse und Ratten), aber auch andere Säugetiere und Vögel an, die durch ihre Anwesenheit eine Kontamination von Lebensmitteln insbesondere mit Mikroorganismen hervorrufen können.

Die präventive Verhinderung des Anlockens und Eindringens von Schädlingen in eine Betriebsstätte ist die vorbeugende Maßnahme, die – richtig ausgeführt – die höheren Kosten einer wiederholenden Bekämpfungsmaßnahme verhindert. Hierzu zählen Fliegengitter an den Fenstern, dicht schließende Türen und Tore, Einfriedungen der Grundstücke und Verschließen aller Außenöffnungen der Betriebsstätte sowie das Sammeln der Abfälle in Tonnen mit Deckel, ggf. auch zusätzlich in einem außenliegenden Müllsammelhaus etc.

Die Kontrollen (Monitoring) der Verhinderung des Eindringens sind eine wesentliche Voraussetzung für die Lebensmittelsicherheit. Daher ist hierzu auch eine lückenlose Dokumentation erforderlich. Nur wer weiß, wo seine Fallen angebracht bzw. ausgelegt wurden, und diese in angemessenen Abständen kontrolliert, kann darauf vertrauen, dass sein präventiv ausgerichtetes Schädlingsbekämpfungsprogramm funktioniert.

Sollte es, was immer wieder durch Unachtsamkeit oder Einschleppung mit Verpackungsmaterial passieren kann, doch zum Eindringen von Schädlingen kommen, müssen die eigentlichen Bekämpfungsmaßnahmen durchgeführt werden. Da die für den Einsatz bei Wirbeltieren (Schadnagern) benötigten Gifte zu den zulassungspflichtigen Bioziden gehören, dürfen sie nur durch sachkundige Personen (Tierschutzgesetz § 4) zum Einsatz gebracht werden. Die Bekämpfungsmaßnahmen müssen ebenfalls dokumentiert sein.

3.1.31

Produkttemperatur

P

Temperatur an allen Stellen des Lebensmittels

In der Verordnung (EG) Nr. 852/2004 findet man allgemeine Anforderungen an die ununterbrochene, erforderliche Kühlung von allen kühlbedürftigen, insbesondere leicht verderblichen Lebensmitteln.

Es gibt hierzu in dieser Rechtsverordnung keine konkreten Angaben zu einzelnen Produkttemperaturen.

In der Verordnung (EG) Nr. 853/2004 gibt es für bestimmte Lebensmittel in abschließender Aufzählung solche Temperaturangaben sowohl für Lagertemperaturen als auch konkret für Produkttemperaturen.

Als Temperaturgrenzwert wird dabei in der Verordnung die Formulierung *„nicht mehr als...°C“* gewählt, was als Höchsttemperaturangabe zu werten ist.

Die ergänzende Festlegung der Produkttemperatur *„an allen Stellen“* bedeutet, dass die angegebene Produkttemperatur sowohl auf der Oberfläche eines Lebensmittels als auch darunter bis in den Kern als gleichermaßen gilt.

Die *Kerntemperatur* ist als Hygienekriterium eine wichtige Festlegung z. B. am CCP „Garen“. Sie ist aber ebenso maßgeblich für die Definition des Tieffrierens auf – 18 °C im Kern, wie sie in der Verordnung (EG) Nr. 853/2004 für das Tieffrieren bestimmt ist.

Besondere Bedeutung erlangte diese Formulierung *„an allen Stellen“* auch im Zusammenhang mit der aktualisierten Stellungnahme des BfR zum Heißhalten von Lebensmitteln. Nach Auswertung der inzwischen umfangreichen internationalen Literatur zur mikrobiologischen Gefahrensituation beim Heißhalten von Speisen kam das BfR zu dem Ergebnis, dass die Produkttemperatur von 60 °C bei diesem Prozessschritt an keiner Stelle des Lebensmittels unterschritten werden darf. Das bedeutet, dass diese Forderung nur erfüllt ist, wenn diese Temperaturvorgabe nicht nur im Kern, sondern auch auf der, in der Regel kühleren, Oberfläche eingehalten ist.

Die aus hygienischer Sicht bevorzugte Temperaturmessung in der Praxis der Lebensmittelunternehmen ist eine zerstörungsfreie, kontaktlose Messung, um Kontaminationen durch die Messsonden zu vermeiden. Damit kann es sich aber nicht um die Kerntemperatur handeln, da die Oberflächentemperatur gemessen wird. Zudem muss die Störanfälligkeit der i. d. R. benutzten Oberflächenmessgeräte (z. B. durch Reflexion der gemessenen Oberfläche), die i. d. R. einen größeren methodischen Fehler mit sich bringt (siehe auch DIN 10508 Abschnitt 6), berücksichtigt werden.

Nach einer fachlichen Diskussion in mehreren Arbeitskreisen hat man die Beschreibung der Messmethoden mit dem Begriff Produkttemperatur so abgestimmt, dass man mit „P“ stets die Temperatur an **allen** Stellen eines Lebensmittels meint. Dagegen ist die Definition des Erhitzens/Tiefgefrierens bis in den Kern (also eines Prozesses) an einem CCP immer als *Kerntemperatur* festzulegen, da die Temperaturveränderung von außen auf das Lebensmittel einwirkt und bis nach innen durchreichen muss.

3.1.32

Lagertemperatur

Aufbewahrungstemperatur

L

Lufttemperatur, bei der Lebensmittel gelagert werden

Die Lagertemperatur entspricht der Lufttemperatur in der unmittelbaren Umgebung eines Lebensmittels während der Lagerung. Eine Besonderheit ergibt sich bei der Lagerung frisch gefangener Fische. Da diese im kalten Meerwasser gelagert werden, gilt hier gemäß der Verordnung (EG) Nr. 853/2004 die Wassertemperatur als Lagertemperatur.

Die Lagertemperatur ist die wichtigste Anforderung an die umgebende Temperatur in Kühlräumen oder Kühlgeräten, um eine nachteilige Erhöhung der Produkttemperatur der eingelagerten oder behandelten Lebensmittel zu vermeiden. Das ist dann der Fall, wenn das einzulagernde Lebensmittel im Sinne der ununterbrochenen Kühlkette diese Produkttemperatur bereits aufweist oder darauf zuvor abgekühlt wurde und sich durch die Lagerung bei einer entsprechenden Lufttemperatur die Produkttemperatur nicht wesentlich verändert.

Die betrieblichen Eigenkontrollen in Kühlgeräten/-räumen und beim Transport zielen genau auf diese Annahme ab, eigentlich die Temperaturerfordernisse und Festlegungen zu den Produkten zu kontrollieren, ohne jedes einzelne Produkt in einem Raum einzeln messen zu müssen.

3.1.33

produktspezifische Transporttemperatur

vorgegebene Lufttemperatur in der Temperaturzoneneinheit der Versandeinheit

Anmerkung 1 zum Begriff: DIN 10508 beschreibt notwendige Temperaturvorgaben für Lebensmittel.

Diese Begriffsbestimmung wurde in der Folge der zunehmenden Bedeutung des Versandhandels auch mit kühlbedürftigen und -pflichtigen Lebensmittels eingeführt. Sie beschreibt die vom verantwortlichen Lebensmittelunternehmer als Folge seiner Gefahrenanalyse und Risikobewertung festgelegte Umgebungstemperatur, die notwendig ist, um die erforderliche Produkttemperatur des versandten Lebensmittels sicher einhalten zu können.

3.1.34

tiefgefrorenes Lebensmittel

Lebensmittel, das auf eine Kerntemperatur von mindestens – 18 °C gefroren ist

Anmerkung 1 zum Begriff: Auf – 18 °C im Sinne der EU-Verordnung (EG) Nr. 853/2004 gefrorene Produkte werden, wenn sie nach der Verordnung über tiefgefrorene Lebensmittel (TLMV) vom 22. Februar 2007 so deklariert sind, auch als tiefgefroren (Tiefkühlware) bezeichnet.

Anmerkung 2 zum Begriff: Nach dem Tiefgefrieren muss die Temperatur bis zur Abgabe an den Verbraucher an allen Punkten des Erzeugnisses ständig bei – 18 °C oder tiefer gehalten werden (siehe TLMV). Es gibt Ausnahmeregelungen für einzelne Produkte bezüglich abweichender Produkttemperaturen und/oder Lager- und Transportbestimmungen (siehe auch DIN 10508).

Diese Begriffsbestimmung wurde aufgenommen, um unterschiedliche rechtliche Definitionen zu vereinen und den Sprachgebrauch in der Norm zu vereinfachen.

In der deutschen Übersetzung der englischen Version der Verordnung (EG) Nr. 853/2004 wird vom *Einfrieren auf – 18 °C oder darunter und von gefrorenen* Lebensmitteln gesprochen, obwohl das *Tieffrieren* auf eine Kerntemperatur von – 18 °C und die *tiefgefrorenen* Lebensmittel gemeint sind.

In der Verordnung (EG) Nr. 853/2004 ist in diesem Zusammenhang auch als Ausnahme die Fundstelle für den Begriff der *Kerntemperatur* zu finden, während ansonsten immer die *Produkttemperatur* (*im gesamten Erzeugnis*) oder die *Lagertemperatur* maßgeblich einzuhalten ist.

Anmerkung 1 zum Begriff soll verdeutlichen, dass es sich hierbei nach der Verordnung über tiefgefrorene Lebensmittel (TLMV) um Tiefkühlware handelt, nicht um die kaum noch im Handel anzutreffenden *„gefrorenen“* Lebensmittel (z. B. gefrorene Suppenhühner), die tatsächlich nur auf eine Produkttemperatur von – 12 °C gefroren und gelagert werden.

Die Forderung des Einfrierens auf *– 18 °C oder darunter* ist zunächst für den Vorgang selbst definiert. Für einzelne Lebensmittel ist darüber hinaus auch die weitere Lagerung *bei – 18 °C* vorgeschrieben. In Verbindung mit der Verordnung *über tiefgefrorene Lebensmittel* ergibt sich für alle Lebensmittel, dass die Produkte, wenn sie als tiefgefroren deklariert werden, als Tiefkühlware auch bei einer Temperatur von – 18 °C zu lagern und zu transportieren sind. In der TLMV findet man z. B. auch zulässige Abweichungen für den Transport der Produkte.

Für tiefgefrorenes Hackfleisch bestimmt die Verordnung (EG) Nr. 853/2004 allerdings die strikte Einhaltung der Tiefkühlkette von – 18 °C oder darunter **ohne** Unterbrechung, auch nicht für die Logistikvorgänge! Da das Hygienerecht der Verordnung (EG) Nr. 853/2004 vorrangig vor dem Handelsrecht der TLMV ist, muss diese Anforderung in jedem Fall beachtet werden.

3.1.35

kühlpflichtiges Lebensmittel

Lebensmittel, für das in einer Rechtsnorm eine verbindliche Produkttemperatur festgelegt ist

Anmerkung 1 zum Begriff: In der Regel handelt es sich dabei um die Produkttemperaturvorgaben für bestimmte Lebensmittel tierischen Ursprungs, in Ausnahmen auch um die Lagertemperatur für bestimmte Produkte.

Um die beiden Begriffe *kühlpflichtig* und *kühlbedürftig* gab und gibt es immer wieder Diskussionen.

Der Begriff *kühlpflichtig* beinhaltet nach Auffassung des Arbeitskreises den Hinweis zur bindenden *Verpflichtung*, die sich auf der Basis konkreter rechtlicher Vorgaben ergibt. Die normative Trennung in die beiden Gruppen kühlpflichtig und kühlbedürftig ist so gewählt, um die im Lebensmittelrecht verankerte Regelung zur Kühlpflicht deutlich erkennbar zu machen.

Für bestimmte, dort aufgezählte Lebensmittel tierischen Ursprungs gelten gemäß der Bestimmung der Verordnung (EG) Nr. 853/2004 die dort definierten Temperaturanforderungen. In der Verordnung sind diese Temperaturen für die einzelnen Erzeugnisse und Zubereitungen exakt zugeordnet, verbindlich festgelegt und bestimmt, ob Abweichungen zulässig sind – oder eben nicht. Die Auflistung ist abschließend.

Eine besondere Gruppe von Lebensmitteln stellen die *sehr leicht verderblichen Lebensmittel* (siehe Abschnitt 3.1.13) dar, für die teilweise auch durch den Gesetzgeber eine Produkttemperatur in den Lebensmittelhygieneverordnungen bestimmt wurde. Aufgrund ihrer Produkteigenschaft sind diese Lebensmittel daher, wenn nichts anderes bestimmt ist, bei 4 °C oder darunter zu lagern und zu transportieren.

Ergibt sich keine unmittelbare rechtliche Vorgabe, so ist die Temperaturforderung von 4 °C als Anhaltspunkt anzunehmen. Vorrangig ist allerdings die in Verbindung mit der Verbrauchsfrist durch den Hersteller/Inverkehrbringer angegebene Temperaturvorgabe einzuhalten.

Fazit: Jedes kühlpflichtige Lebensmittel ist per se ein kühlbedürftiges Lebensmittel, nicht jedes kühlbedürftige Lebensmittel ist aber durch gesetzliche Vorschriften kühlpflichtig.

3.1.36

kühlbedürftiges Lebensmittel

Lebensmittel, das zu den leicht verderblichen Lebensmitteln zählt, für das aber in keiner Rechtsnorm eine Produkttemperatur festgelegt wurde

Anmerkung 1 zum Begriff: Siehe hierzu Empfehlungen für die Produkttemperaturen für derartige Lebensmittel in DIN 10508.

Im Gegensatz zu den oben beschriebenen *kühlpflichtigen Lebensmitteln* aufgrund gesetzlicher Vorgaben gilt für alle anderen Lebensmittel, dass sie ohne bindende rechtliche Vorgabe trotzdem aufgrund ihrer Zusammensetzung und Beschaffenheit ggf. *kühlbedürftig* sein können. Hier kommt die Verpflichtung des Lebensmittelunternehmers zum Zuge, sichere Lebensmittel für die Abgabe an die Endverbraucher her- bzw. bereitzustellen.

Auch für diese Lebensmittel gibt es rechtliche, aber nicht präzisierte Vorgaben. Im Gegensatz zur Verordnung (EG) Nr. 853/2004 sind in der Verordnung (EG) Nr. 852/2004 keine Lebensmittel namentlich benannt und keine Produkttemperaturen festgelegt.

Eine Gruppe der kühlbedürftigen Lebensmittel wird unter dem Begriff der *leicht verderblichen Lebensmittel* (siehe oben Abschnitt 3.1.12) zusammengefasst, weil sie ohne ausreichende Kühlung in kurzer Zeit in mikrobiologischer Hinsicht verderben würden. Für diese Gruppe von Lebensmitteln gilt insbesondere die Vorgabe der Verordnung (EG) Nr. 852/2004, dass sie gekühlt werden müssen und die Kühlkette nicht unterbrochen werden darf.

Aufgrund besonderer Bedingungen bei der Erzeugung und Verarbeitung ist eine Kühlbedürftigkeit auch für bestimmte pflanzliche Lebensmittel gegeben (Pflanzen und Pilze). Die mikrobiologische natürliche Kontamination und die Verarbeitung begründen diese Zuordnung. So sind z. B.

- Sprossen und vorgeschnittene Blattsalate, vorgeschnittene Zwiebeln und gemischte Rohkostsalate sowie
- geschnittenes Obst wie geteilte Melonen und frischer Obstsalat und selbst hergestellte frische Obstsäfte und Smoothies

dieser Gruppe zugeordnet.

Entsprechend den Produkteigenschaften ergeben sich für die einzelnen Lebensmittel unterschiedliche Temperaturanforderungen.

In der Regel wird eine Kühllagerung bei 7 °C für die meisten Produkte als ausreichend angesehen, um eine Keimvermehrung zu verhindern.

Anmerkung 1 zum Begriff der kühlbedürftigen Lebensmittel verweist daher auf die DIN 10508 *Lebensmittelhygiene – Temperaturen für Lebensmittel*. In dieser Norm wurden alle kühlbedürftigen/kühlpflichtigen und tiefgefrorenen Lebensmittel in Tabellen untergruppiert zusammengefasst. Es wurden, soweit keine rechtlichen Forderungen ableitbar sind, durch wissenschaftlich fundierte Erkenntnisse von den Experten der Arbeitsgruppe im Einvernehmen mit den beteiligten interessierten Kreisen der Hersteller und der Wirtschaft, des Handels und der Lebensmittelüberwachung die jeweils notwendigen Produkt- oder Lagertemperaturanforderungen festgelegt.

3.1.37

Temperaturlogger

Speichereinheit, welche Temperaturdaten in einem bestimmten Rhythmus über den Zeitverlauf über eine Schnittstelle aufnimmt und auf einem Speichermedium ablegt

Die elektronischen Messgeräte zur Temperaturerfassung ermöglichen eine kontinuierliche Erfassung der Produkttemperatur oder Umgebungstemperatur (Luft) an jedem Lagerort, dank der Gerätebatterien auch während des Transportes. Die Temperaturlogger besitzen als mobile Geräte im Gegensatz zu Thermometern zusätzlich eine Speichereinheit, die die vom Temperaturfühler gemessenen Werte automatisch aufzeichnet und speichert oder in eine Cloud transferiert. So besteht die Möglichkeit, Messungen in definierten Abständen, z. B. über die gesamte Transportzeit oder einen Tagesablauf, in einem Kühlhaus oder Kühlschrank durchzuführen und (in Echtzeit) zu überwachen und zu dokumentieren. Das dient beispielsweise der Überprüfung der Einhaltung der Temperaturvorgaben, z. B. am Lagerort im Rahmen der Qualitätssicherung oder zur Validierung von Transport-/Kühlkonzepten beim Transport von Lebensmitteln unter realen Einsatzbedingungen.

Aufgrund der Anschaffungskosten müssen die Logger zum Besitzer zurückgeführt werden, was für den täglichen Versand an Endkunden in der Regel zu kostspielig und aufwendig ist und daher nicht praktiziert wird. Zur Absicherung eines validierten Kühlkonzeptes kann man aber in regelmäßigen Abständen bei Mustersendungen Temperaturlogger mit beilegen und abschließend auswerten.

Auf dem Markt verfügbar sind auch Indikatorsysteme, die Temperaturbereiche mittels Farbumschlag anzeigen. Sie erfassen jedoch keine diskreten Temperaturverläufe und kommen entsprechend dieser Limitierung nur für bestimmte Temperaturbereiche und Einsatzzwecke zum Einsatz.

3.1.38

Konditionierung

Überführen eines Objektes in einen definierten Zustand

Anmerkung 1 zum Begriff: Vorgang, der dazu vorgesehen ist, ein Objekt/Produkt/Kühlmittel in eine festgelegte Bedingung z. B. in Bezug auf Temperatur und/oder relative Luftfeuchte zu bringen.

Für einen bestimmten Zweck benötigt man einen definierten Zustand eines Objekts, hier beispielsweise die Vorgabe von Temperatur oder Luftfeuchtigkeit.

Als Beispiel kann die aktive Vorkühlung in Frostern bzw. Kühlakkus genannt werden oder das erforderliche Vorheizen eines Wasserbades zur Heißhalten von Speisen, bevor diese dort eingestellt werden können.

3.2 Begriffe im Zusammenhang mit Betriebstätten

3.2.1

Betriebsstätte

Einrichtung, in der Lebensmittel hergestellt, behandelt, gelagert oder in den Verkehr gebracht werden

Anmerkung 1 zum Begriff: Dazu zählen auch ortsveränderliche oder nichtständige Einrichtungen wie Verkaufszelte, Marktstände, mobile Verkaufseinrichtungen, Verkaufsfahrzeuge sowie Verkaufsautomaten.

Anmerkung 2 zum Begriff: Im Sinne dieses Dokuments kann unter Betriebsstätte ergänzend verstanden werden: gesamte betriebliche Anlage, bestehend aus dem Gelände, dem umbauten Raum mit Ausrüstung und Einrichtung, innerbetrieblichen Transportmitteln, gegebenenfalls Verkehrsflächen und sonstigen Freiflächen, soweit sie zum Verantwortungsbereich des Betriebes gehören und eine nachteilige Beeinflussung von dort ausgehen kann.

Betriebsstätten sind Einheiten eines Lebensmittelunternehmens (siehe Abschnitt 3.1.3).

Nach der Anlage II der Verordnung (EG) Nr. 852/2004 über Lebensmittelhygiene umfasst die Betriebsstätte die feste Infrastruktur der Betriebsgebäude einschließlich betrieblicher Hofanlagen und Verkehrsflächen sowie die in den Gebäuden befindlichen fest montierten und beweglichen Betriebsmittel (Einrichtungsgegenstände und Geräte).

In DIN 10506 *Lebensmittelhygiene – Gemeinschaftsverpflegung* und DIN 10543 *Lebensmittelhygiene – Lebensmittelhygiene – Lebensmittellieferungen an Endverbraucher (insbesondere Onlinehandel) – Hygieneanforderungen und notwendige Informationen* finden sich Hinweise, was bei unterschiedlichen Betriebsgrößen und geplanten Produktionsumfängen an Ausstattung und Basishygieneanforderungen vollumfänglich erfüllt werden muss bzw. welche Abstriche und Ausnahmen möglich sind. Den tatsächlichen Umfang der Ausstattung und der Inhalte des Hygienemanagements muss der Lebensmittelunternehmer zunächst primär auf der Basis einer Bewertung seiner vorgesehenen Herstellungsprozesse, Angebote zum Verzehr bzw. Verpflegungsvorgänge selbst bestimmen. Im Zweifel über den Umfang und die Ausgestaltung der erforderlichen Einrichtung und Ausstattung der Betriebsstätte sowie Art und Umfang der Maßnahmen empfiehlt sich ein vorheriges Gespräch mit den zuständigen Lebensmittelüberwachungsbehörden.

Eine Spezialität stellen die ortsveränderlichen Einrichtungen dar. Es gibt z. B. mobile Küchen in Leichtbauweise oder Containerform, die bspw. auf Wochenmärkten zum Einsatz kommen, Verpflegungszelte und Speisenausgabestellen in Festhallen.

Auf mobile (Feld-)Küchen der Bundeswehr und des Technischen Hilfswerks (THW) sowie der Hilfsorganisationen ist diese Norm nur bedingt anwendbar, da wesentliche Anforderungen des Abschnitts 4 der DIN 10506 *Gemeinschaftsverpflegung* dort nicht zutreffen oder einzuhalten sind.

Marktstände sind zwar häufig grundsätzlich auch ortsveränderlich konstruiert, werden aber nach dem Aufbau an bestimmten Orten betrieben und sind dort mit allen Ver- und Entsorgungsmedien angeschlossen. Aufgrund der darin ablaufenden Verpflegungsvorgänge bis zur direkten Abgabe von Speisen können sie daher den GV-Betrieben in fester Infrastruktur gleichgestellt sein.

Einrichtungen zur Gemeinschaftsversorgung auf Jahrmärkten und Volksfesten sind ortsveränderliche Bauten, bei denen manche Details nur sinngemäß anzuwenden sind. Andere Anforderungen dagegen können und sollen vollumfänglich beachtet und erfüllt werden. Häufig geben Land, Kreis und/oder Kommunen hierzu auch hilfreiche Handreichungen heraus.

Für Verkaufsfahrzeuge des Handwerks und Einzelhandels gibt es außerdem die spezielle Norm DIN 10500 *Lebensmittelhygiene – Verkaufsfahrzeuge und ortsveränderliche, nichtständige Verkaufseinrichtungen für leicht verderbliche Lebensmittel – Hygieneanforderungen, Prüfung.*

3.2.2

Lebensmittelbedarfsgegenstand

Lebensmittelkontaktmaterial

Material und Gegenstand, einschließlich aktiver und intelligenter Lebensmittelkontaktmaterialien und -gegenstände, das/der als Fertigerzeugnis dazu bestimmt ist, mit Lebensmitteln in Berührung zu kommen, oder bereits mit Lebensmitteln in Berührung ist und dazu bestimmt ist, oder vernünftigerweise vorhersehen lässt, dass es/er bei normaler oder vorhersehbarer Verwendung mit Lebensmitteln in Berührung kommt oder dessen Bestandteile an Lebensmittel abgibt

Anmerkung 1 zum Begriff: Im derzeitigen Sprachgebrauch wird teilweise auch der Begriff „Lebensmittelkontaktmaterial" verwendet.

Anmerkung 2 zum Begriff: Zu den Lebensmittelbedarfsgegenständen gehören zum Beispiel:

- Lebensmittelbereiche von Be- und Verarbeitungsmaschinen für Lebensmittel;
- Packmittel, die direkt mit dem Lebensmittel in Berührung kommen;
- Verkaufsgeräte und -möbel, soweit sie direkt mit den Lebensmitteln in Berührung kommen;
- sowie Ess-, Trink- und Kochgeschirr.

Anmerkung 3 zum Begriff: Zu den Packmitteln im Sinne dieser Definition gehören z. B. keine Überzugs- und Beschichtungsmaterialien, wie Materialien zum Überziehen von Käserinden, Fleisch- und Wurstwaren oder Obst, die mit dem Lebensmittel ein Ganzes bilden und mit diesem verzehrt werden können.

Anmerkung 4 zum Begriff: Zur Rechtsdefinition für die Lebensmittelbedarfsgegenstände und Lebensmittelkontaktmaterialien siehe LFGB, § 2, Absatz 6, Ziffer 1 und Verordnung (EG) Nr. 1935/2004.

Diese Begriffsbestimmung beschreibt, was alles als Lebensmittelbedarfsgegenstand anzusehen ist und gibt den Hinweis, dass sich Anforderungen an Lebensmittelkontakte der Bedarfsgegenstände aus der übergeordneten europäischen Verordnung (EG) Nr. 1935/2004 ergeben.

Es handelt sich demnach um alle Materialien, die nicht selbst Lebensmittel oder Bestandteil davon sind, sowie Arbeitsgeräte in einer Betriebsstätte, deren Oberflächen unmittelbar mit Lebensmitteln in Berührung kommen bzw. kommen können. Dazu gehören auch die entsprechenden Kontaktflächen bei Geräten, Nahrungsmittelmaschinen und Anlagen sowie die Oberflächen von Arbeitstischen, Arbeitsbekleidung usw.

3.2.3

Umhüllung

Platzieren eines Lebensmittels in eine Hülle oder ein Behältnis, welche/s das Lebensmittel unmittelbar umgibt, sowie diese Hülle oder dieses Behältnis selbst

Anmerkung 1 zum Begriff: Das Umhüllungsmaterial muss lebensmittelrechtlichen Anforderungen entsprechen, auf den Inhalt abgestimmt sein und dessen Schutz und Sicherheit sicherstellen.

Anmerkung 2 zum Begriff: Im allgemeinen Sprachgebrauch wird die Umhüllung auch als die Primärverpackung bezeichnet.

[QUELLE: Verordnung (EG) Nr. 852/2004, modifiziert – Anmerkung 1 zum Begriff und Anmerkung 2 zum Begriff wurden hinzugefügt.]

Den Begriff *Hülle* assoziiert man meist mit z. B. der Wursthülle oder der allgemein als Primärverpackung bezeichneten Folie/Einwicklung, mit dem lose Lebensmittel gegenüber der Umwelt geschützt werden. Die rechtliche Begriffsdefinition der Umhüllung ist, so wie hier zitiert, in der Verordnung (EG) Nr. 852/2004 festgelegt. Dort werden auch Behältnisse genannt, die in unserem Sprachgebrauch formbeständige Bedarfsgegenstände (z. B. Vorratsdosen) darstellen, keine flexiblen Hüllen.

Kennzeichnend – bei der Rechtsdefinition – ist der unmittelbare Lebensmittelkontakt.

Jede Umhüllung, die unmittelbar in Kontakt mit dem Lebensmittel steht, muss selbst den lebensmittelrechtlichen Anforderungen genügen. Diese Anforderungen sind in der Verordnung (EG) Nr. 1935/2004 oder Einzelmaßnahmen (siehe auch Verordnung (EU) 10/2011 Kunststoffe) festgelegt. Es ist darauf zu achten, dass das Material der Umhüllung zweckgebunden bestimmt wurde. Das bedeutet, das Material ist entsprechend dem zu umhüllenden Lebensmittel so zu wählen, dass es auch dem Zweck entsprechend verwendet wird. Als Beispiel kann man die Kunststofffolie anführen, die als Umhüllung loser stückiger Ware definiert wurde, aber ungeeignet ist, um darin Lebensmittel einzufrieren. Aluminiumfolie ist als Einwickler verwendbar, allerdings nicht für Lebensmittel mit saurem pH-Wert, da diese die Freisetzung von Aluminium ins Lebensmittel begünstigen.

Der alltagssprachliche Begriff der *Primärverpackung* für vorverpackte Lebensmittel grenzt die dem Produkt anliegende Umhüllung von der Transportverpackung ab. Diese kann auch eine Verbundfolie sein oder jede andere Art der Verpackung. Diese Verpackung muss keine Anforderungen an Kontaktmaterialien erfüllen, sofern keine Migration von Bestandteilen ins Lebensmittel vernünftig vorhersehbar ist, sondern sie robust die Ware während des Transportes schützt.

3.2.4

Verpackung

Platzieren eines oder mehrerer umhüllter Lebensmittel in ein zweites Behältnis sowie dieses Behältnis selbst

[QUELLE: Verordnung (EG) Nr. 852/2004]

Im deutschen Sprachgebrauch wird sowohl die *Verpackung* als solche als auch die direkte Verpackung nebst Inhalt als eine *Verpackung* oder verkürzt *Packung* bezeichnet, die im lebensmittelrechtlichen Kontext als Umhüllung bezeichnet wird. Diese mangelnde sprachliche Differenzierung kann zu Missverständnissen führen.

Bei lose gehandelten Lebensmitteln wie Obst oder Gemüse kann es sein, dass diese Lebensmittel ohne Umhüllung in die (Transport-)Verpackung eingelegt werden. Dann muss diese Verpackung als Umhüllung den Anforderungen an Lebensmittelkontaktmaterialien genügen, da sie direkt mit dem Lebensmittel in Kontakt kommt bzw. kommen kann.

Bei einer gemischten Lieferung von bereits umhüllten Lebensmitteln wie Obst und Gemüse stellt die Transportverpackung für diese nur das zweite „Behältnis“ dar und ist lebensmittelrechtlich deshalb als Verpackung anzusehen.

3.2.5

luftdicht verschlossener Behälter

Behälter, der seiner Konzeption nach dazu bestimmt ist, seinen Inhalt gegen das Eindringen von Gefahren zu schützen

[QUELLE: Verordnung (EG) Nr. 852/2004]

Konservendosen z. B. sind luftdicht verschlossene Behälter. Aber auch größere Transporteinheiten und Verpackungen können, wenn sie das Kriterium luftdicht verschlossen – also abgetrennt von der Umgebung – erfüllen, dazugehören. Dazu zählen vakuumierte Behältnisse oder dafür vorgesehene Transportboxen.

3.2.6

Funktionsbereich

Bereich, dem bestimmte Betriebsfunktionen zugeordnet sind und der über die gesamte Betriebszeit oder zeitlich begrenzt nur dieser Funktion dient

Anmerkung 1 zum Begriff: Zu den Bereichen, denen Betriebsfunktionen zugeordnet sind, zählen Flächen, Boxen, Räume oder Raumgruppen.

Für die Planung und den Bau einer Betriebsstätte ist es erforderlich, die Räume in Funktionsbereiche einzuteilen. Diese Funktionsbereiche sind dadurch charakterisiert, dass sie die gleichen Anforderungen an ihre Gestaltung aufweisen und im Betriebsablauf auch zueinander in Beziehung stehen.

Diese Definition wird immer dann vom Lebensmittelunternehmer heranzuziehen sein, wenn es darum geht, Hygienemaßnahmen einzugrenzen oder zeitlich/räumlich Zuordnungen vorzunehmen.

Mit den nachfolgenden Begriffsbestimmungen werden einige solcher begrifflichen Abgrenzungen von Funktionsbereichen näher erläutert.

3.2.7

Nassbereich

Bereich, der durch seine Nutzung einer hohen Feuchtigkeitsbelastung ausgesetzt ist

Anmerkung 1 zum Begriff: Dazu gehören z. B. Räume zur Vor- und Zubereitung von Lebensmitteln, bestimmte Kühlräume, Warentransportwege, Abfalllagerräume, Spülräume, Toiletten, Wasch- und Duschräume.

Die Nassbereiche einer Betriebsstätte haben alle gemeinsam, dass sie durch Wasser und/oder hohe Luftfeuchtigkeit mehr belastet sind als andere Bereiche der Betriebsstätte.

Beispielsweise haben alle Bereiche, in denen gespült wird, sei es manuell oder mittels Maschinen, ein feuchtes Raumklima. Das gilt auch für die Sanitärräume. Extrem können die Luftfeuchtigkeit und Produktionswasserbelastung in allen Garküchen und den dazugehörigen Vorbereitungsräumen für Rohkost und Gemüse sein. Alle in der Anmerkung aufgelisteten Räume und Bereiche gehören dazu, da sie regelmäßig nass gereinigt werden müssen.

Die Baumaterialien für Nassbereiche sind daher aufgrund der hohen Feuchtigkeitsbelastung anforderungsgemäß auszustatten und weisen andere Qualitäten mit Blick auf die Oberflächeneigenschaften auf als z. B. ein Trockenlager. Daher sind die Nassbereiche schon in der Bauplanung als spezielle Funktionsbereiche auszuweisen und bei der Ausgestaltung der Wand- und Bodenbeläge, aber auch der Lüftung und ggf. der Versorgung mit Wasser sowie Abwasserentsorgung besonders zu betrachten.

Für Nassbereiche gelten höhere Anforderungen an den Arbeits- und Gesundheitsschutz.

3.2.8

Trockenbereich

Bereich, der aufgrund seiner Nutzung einer vernachlässigbaren Feuchtigkeitsbelastung ausgesetzt ist

Anmerkung 1 zum Begriff: Dazu gehören z. B. Trockenlagerräume, Gerätelager, Wäschelager, Büro-, Aufenthalts-, Umkleideräume.

Trockenbereiche einer Betriebstätte dienen zumeist der Lagerung von Lebensmitteln und Bedarfsgegenständen.

Im Gegensatz zu den Nassbereichen sind in Trockenbereichen die baulichen und organisatorischen Anforderungen niedriger anzusetzen, z. B. können weniger rutschhemmende Bodenbeläge oder feuchtigkeitsresistente Anstriche verbaut werden und lüftungstechnische Maßnahmen sind nicht regulär vorzusehen.

3.2.9
Verschmutzung

alle Stoffe, die Lebensmittel unsicher machen können

Anmerkung 1 zum Begriff: Dazu gehören u. a. Produktrückstände, Mikroorganismen, Reinigungsmittelrückstände, Chemikalien oder Desinfektionsmittel, mit Ausnahme von Stoffen (oder freigesetzte Metallionen), die aus Substanzen, die mit Lebensmitteln in Berührung kommen, in das Lebensmittel übergehen.

Verschmutzungen können mineralischer, organischer oder anorganischer Natur sein.

Zu den am häufigsten auftretenden Verschmutzungen bei Lebensmitteln zählen die organischen Verunreinigungen. Zu ihnen gehören beispielsweise Lebensmittelreste oder, weiter betrachtet, petroleum- oder ölhaltige Verunreinigungen (z. B. aus Schmierstoffen) oder Ablagerungen wie z. B. von Fetten.

Die Hauptverschmutzungen von Bedarfsgegenständen, Flächen und Geräten stammen bei deren Benutzung von den verarbeiteten Lebensmitteln selbst; sie können je nach Lebensmittelart aus Eiweißen (z. B. Fleisch, Milch, Käse, Eier), Fetten (z. B. tierisches Fett, pflanzliches Fett) oder Kohlenhydraten (z. B. Obst, Gemüse) bestehen. Bei der Verarbeitung von Agrarerzeugnissen und rohen tierischen Produkten, insbesondere Fleisch, kommt es auch zur Kontamination der Arbeitsgeräte und Flächen mit dort natürlicherweise vorkommenden Mikroorganismen, die sich sehr gut in den Resten von Eiweißen und Kohlenhydraten vermehren können.

Eine wesentliche Ursache für Verschmutzung kann die unsachgemäße Lagerung, der Transport und/oder das Anbieten von Lebensmitteln sein.

Alle Verschmutzungen müssen wieder entfernt werden, um die herzustellenden Lebensmittel und Speisen vor nachteiliger Beeinflussung (insbesondere Verderb) zu schützen. Dabei ist aber auch darauf zu achten, dass die bei der Durchführung der Hygienemaßnahmen *Reinigung* und *Desinfektion* eingesetzten Chemikalien mit dem abschließenden Nachspülgang gleichfalls möglichst rückstandsfrei wieder entfernt werden, d. h. die Gesundheit der Endverbraucher im Ergebnis nicht gefährdet bzw. beeinträchtigt wird.

3.2.10

Reinigung

Entfernung von Verschmutzungen

[QUELLE: DIN EN 1672-2:2021-05, 3.6]

Die Basishygienemaßnahme *Reinigung* ist eine Grundvoraussetzung jeder Produktion von Lebensmitteln. Hierdurch werden alle sichtbaren Verschmutzungen wieder entfernt, sodass die gereinigten Objekte anschließend als sauber (siehe Abschnitt 3.2.15) zu bezeichnen sind.

Durch die Reinigung werden Nahrungsmittelmaschinen, -anlagen, Geräte und Einrichtungen und Arbeitsutensilien überhaupt erst wieder für eine weitere Lebensmittelproduktion verwendbar. Darüber hinaus sind saubere Flächen die Grundvoraussetzung für eine wirksame Desinfektion.

Die Reinigung kann z. B. ein einfaches „besenrein“ als Entfernung von grobem Schmutz (Trockenreinigung) darstellen oder eine Nassreinigung mit Einsatz von Wasser, ggf. unter Verwendung von Reinigungsmitteln. Bei fest haftenden Verschmutzungen kann es erforderlich sein, eine mechanische Reinigung mittels Bürsten, Schrubbern, Schwämmen und/oder Lappen in Kombination mit einer chemischen Nassreinigung durchzuführen.

Chemische Substanzen in unterschiedlichen Reinigungsmitteln dienen hierbei als Hilfe, um Verunreinigungen von Oberflächen zu lösen und damit die Voraussetzung für deren Entfernung mittels einer Nassreinigung zu schaffen.

Neben der Reinigung von Gegenständen, Geräten und Flächen kann auch eine Luftreinigung je nach Erfordernis der Produktionsstätte z. B. durch Filteranlagen infrage kommen.

3.2.11

Desinfektion

chemisches und/oder physikalisches Verfahren zur Abtötung von Mikroorganismen auf ein Niveau, das weder gesundheitsschädlich ist noch die Qualität der Lebensmittel beeinträchtigt

Anmerkung 1 zum Begriff: Mikroorganismen sind Viren, Bakterien, Hefen, Schimmelpilze, Protozoen und Algen.

Desinfektion gehört gleichfalls zu den Basishygienemaßnahmen und ist in der Regel mit einer vorgeschalteten Reinigung verbunden.

Der Begriff der *Desinfektion* entstammt eigentlich der Seuchenlehre und soll den Prozess beschreiben, der dazu führt, dass Gegenstände nicht mehr infizieren können. Gemäß Codex Alimentarius bedeutet Desinfektion eine Verringerung der Mikroorganismen in der Lebensmittelumgebung durch chemische Mittel und/oder physikalische Verfahren auf ein Niveau, das die Lebensmittelsicherheit und -bekömmlichkeit nicht beeinträchtigt.

Die *Desinfektion* wird immer dann einzusetzen sein, wenn zu befürchten ist, dass auf einer sauberen Fläche noch krankmachende Keime vorhanden sein könnten. In der Herstellung von Lebensmitteln kann es aber auch erforderlich sein, eine unerwünschte, die Produktion selbst negativ beeinträchtigende Anzahl von Mikroorganismen auf ein ausreichendes Minimum zu reduzieren.

3.2.12

leicht reinigbar und erforderlichenfalls desinfizierbar

so gestaltet und gebaut, dass Verschmutzungen mit den empfohlenen oder betrieblichen Reinigungsmethoden leicht entfernt werden können und erforderlichenfalls eine ausreichende Desinfektion möglich ist

Anmerkung 1 zum Begriff: Die verwendeten Materialien für z. B. Wände, Decken, Böden, Türen sowie Einbauten und Einrichtungsgegenständen müssen gegenüber den verwendeten Reinigungs- und Desinfektionsmitteln und gegenüber Wasser beständig sein.

Mit der Formulierung „*so gestaltet und gebaut*" wird betont, dass die Konstruktion von Nahrungsmittelmaschinen, Anlagen und Geräten so geplant und ausgeführt wird, dass ihre Oberflächen im Lebensmittelbereich gut erreicht werden können und leicht zu reinigen sind. Leicht zu reinigen bedeutet, dass im Betrieb weder der Einsatz von technischen Maßnahmen (Um- und Abbauten) noch zeit- und verfahrensintensive Schritte erforderlich werden, die Zugänglichkeit durch die Konstruktion und Aufstellung erfüllt ist und keine weiteren sicherheitstechnischem Maßnahmen für die Reinigung und ggf. Desinfektion ergriffen werden müssen. In diesem Zusammenhang spricht man auch vom *hygenic design*.

Bei allen Einbauten von Möbeln ist ebenfalls darauf zu achten, dass keine toten Winkel entstehen, die für eine Reinigung unzugänglich sind.

Bei der Gestaltung der Betriebsstätte wie z. B. Türen und Fenster, Decken, Böden und Wände gilt die Anforderung zur Reinigbarkeit und Desinfektion ebenfalls. In Spezialnormen zu Betriebsstätten werden weitere, auf unterschiedliche Belastungen ausgerichtete Materialanforderungen – insbesondere der Böden – in Bezug auf höhere Feuchtigkeitsresistenz, mechanische Beanspruchung, Rutschfestigkeit und Verdrängungsvolumen je nach Funktionsbereich festgelegt. Das kann zu einer differenzierteren Gewichtung zwischen Hygieneanspruch und Arbeitsschutz führen.

3.2.13

rein

aus mikrobiologischer Sicht akzeptabler Zustand von Flächen, Bedarfsgegenständen und Lebensmitteln

Anmerkung 1 zum Begriff: Optisch saubere Flächen, Gegenstände, Hände oder auch Lebensmittel und Produktionsabläufe sind aus mikrobieller Sicht nicht immer „rein" und können in ungünstigen Fällen Anlass für mikrobielle Kreuzkontaminationen sein.

Anmerkung 2 zum Begriff: „Rein" ist daher das optisch nicht feststellbare Ergebnis der Reinigung und Desinfektion beziehungsweise von anderen keimreduzierenden Verfahren (z. B. Waschen, Garprozessen).

Es gibt sehr unterschiedliche Betrachtungsweisen für den Begriff *rein*. Vor allem ist es wichtig, die Abgrenzung zu dem Begriff *sauber* deutlich zu machen, da beide Begriffe im täglichen Alltag nicht immer strikt unterschieden werden. Es gibt im Lebensmittelbereich auch andere sozio-kulturelle und medizinisch begründete Definitionen für *rein*, z. B. aus religiöser Sicht verschiedener Glaubensgemeinschaften oder aus der Sicht der Produktion von Lebensmitteln, die für bestimmte Personen wie z. B. Allergiker frei von definierten Substanzen sein müssen und daher besondere Anforderungen an die Herstellung stellen.

Im Bereich der Lebensmittelhygiene gilt stets die enger gefasste, mikrobiologische Sichtweise, d. h., *rein* ist die Abwesenheit von unerwünschten Mikroorganismen bzw. die *akzeptable* Keimreduzierung ursprünglich *potenziell vorhandener* Mikroorganismen (das heißt, man nimmt an, dass eine Keimbelastung vorhanden ist, ohne diese tatsächlich immer nachzuweisen).

Akzeptabel ist eine Fläche gereinigt, wenn die Zahl der nachzuweisenden vermehrungsfähigen Mikroorganismen unterhalb des für diesen Bereich festgelegten Grenzwertes ist. Während dieser Grenzwert für alle pathogenen (krank machenden) Keime gleich null oder *nicht nachweisbar* festgelegt ist, reicht eine allgemeine Keimreduzierung auf 100 vermehrungsfähige Keime (KbE – Kolonie bildende Einheiten) pro 100 cm^2 Fläche aus. Damit ist auch definiert, dass z. B. Gebrauchsgegenstände in der Küche – im Gegensatz zum pharmazeutischen und medizinischen Verständnis – nicht *steril* sein müssen, was für alle Mikroorganismen die **nachweisliche** Abwesenheit (Nulltoleranz) bedeuten würde.

Wichtig ist aber, dass die für Desinfektionsmittel empfindlichen Hygieneindikatorkeime (meist wird die Gruppe der *Enterobacteriaceen* hierfür herangezogen) nach durchgeführten Desinfektionsmaßnahmen auf *reinen* Flächen und Geräten nicht mehr nachweisbar sind, womit die korrekte Ausführung der Maßnahme nachgewiesen ist. Nachweisbarkeit meint hier, dass eine bestimmte Anzahl von Mikroorganismen in einer vorgegebenen Bezugsgröße (pro 100 cm^2 oder pro 250 ml) nicht mehr gezählt werden konnten.

Man kann *rein* in einer Betriebsstätte aber nicht immer für alle Funktionsbereiche in gleichem Maße definieren. Ein *Reinraum* der Kaltportionierung eines Cook & Chill-Betriebes erfordert einen wesentlich niedrigeren Keimstatus als die klassische Garküche einer althergebrachten Großküche. Für beide Bereiche gilt eine möglichst geringe Keimbelastung nach Reinigung und Desinfektion, der Reinraum macht aber zusätzliche Maßnahmen erforderlich, um diesen Keimstatus auch während der Produktion möglichst konstant und niedrig zu halten.

Die Einbeziehung von Lebensmitteln in die Definition *rein* ist eher ungewöhnlich. Damit wollte der Arbeitskreis zum Ausdruck bringen, dass es auch bei den Lebensmitteln die Gefahr einer Kreuzkontamination zwischen mikrobiologisch belasteten und nicht (mehr) belasteten, also *reinen* Lebensmitteln gibt, die durch geeignete Hygienemaßnahmen minimiert oder gewahrt werden muss. Die Reinheit wird hier auf den produktionsspezifischen, typisch erwartbaren und notwendigen Keimgehalt der Rohstoffe bzw. Produkte bezogen, z. B. auf Kartoffeln nach der Passage einer Kartoffelwaschanlage mit geringerem Potenzial einer mikrobiologischen Kreuzkontamination durch anhaftende Erdkrumenbestandteile.

In der Garküche werden belastete Lebensmittel durch den Erhitzungsvorgang keimarm. Da nicht nur die unerwünschten Mikroorganismen, sondern alle in/auf Speisen vorhandenen Keime gleichermaßen betroffen sind, sind *keimarme* Lebensmittel besonders empfindlich gegenüber mikrobieller Kontamination. Man spricht dann auch von *Rekontamination,* also einer *Wiederverkeimung* (siehe Abschnitt 3.1.27 bis Abschnitt 3.1.29).

In allen Fällen ist *rein* ein gradueller Zustand, der durch Hygienemaßnahmen erreicht wurde und nur durch eine mikrobiologische Untersuchung tatsächlich nachgewiesen werden kann.

Im Alltag geht man aber häufig von der Annahmevermutung aus, dass die durchgeführten Hygienemaßnahmen ausreichend wirksam und erfolgreich sind, wenn die gereinigten Gegenstände und Flächen augenscheinlich sauber sind. Das entbindet aber nicht von regelmäßigen Kontrollen zur Bestätigung dieser ersten Annahme!

Bei Flächen kann man den Erfolg von Reinigungs- und Desinfektionsmaßnahmen mittels Abklatschproben einfach nachweisen. Neben Schnelltests, die man selbst im Betrieb macht und die eine optische Auswertung anbieten, ist es im Rahmen der Eigenkontrollen erforderlich– soweit es der Betriebsgröße angemessen ist –, Abklatschproben mittels z. B. Rodac-Platten und Tupferproben im Labor auf Basis eines Probenahmeplans analysieren zu lassen.

3.2.14

reine Seite

Bereich, in dem aus Gründen der Lebensmittelsicherheit eine niedrige Keimbelastung erforderlich ist, welche durch Aufrechterhaltung eines hohen Hygieneniveaus erreicht werden kann

Anmerkung 1 zum Begriff: Hier finden Produktionsabläufe wie Speisenzubereitung, Garprozesse, Portionieren und Speisenausgabe sowie Lagern und Auftauen von zubereiteten Speisen, Sammeln und Reinigen von verschmutzten Arbeitsgeräten (Küchengerätschaften, Küchenutensilien, küchenseitiges Spülgut), (Topfspüle), Lagern von gereinigtem Geschirr und Bedarfsgegenständen statt.

Alle in der Anmerkung aufgeführten Räume werden zur reinen Seite einer Betriebsstätte gezählt.

Die Zuordnung *rein/unrein* erfolgt aus der Perspektive des Hygieneniveaus, welches zur Herstellung sicherer Lebensmittel erforderlich und in der Betriebsstätte am jeweiligen Ort gegeben sein muss, um eine Rekontamination der Speisen durch äußere Einflüsse möglichst gering zu halten.

Der Funktionsbereich *„reine Seite“* wird daher auch als der *Hygienebereich* bezeichnet. Das bedeutet aber nicht, dass es dort immer zu jedem Zeitpunkt der Herstellung sauber sein kann und muss. Durch die Ausgangsprodukte erfolgt aufgrund der natürlichen Keimflora der Rohstoffe/Primärprodukte ein gewisser unvermeidbarer Keimeintrag in den Produktionsbereich. Am Ende der Produktion muss deshalb der erforderliche Ausgangszustand rein und sauber durch die Basishygienemaßnahmen, in der Regel *Reinigung* und *Desinfektion*, wieder hergestellt werden, um das erforderliche Hygieneniveau für die sich anschließende Herstellung von Lebensmitteln in anforderungsgemäßer Weise aufrechtzuhalten.

3.2.15

sauber

visuell frei von Verschmutzungen

Zu Produktionsbeginn bzw. vor Benutzung müssen Flächen und Geräte sowie Bedarfsgegenstände sauber sein. Sauber sind die Flächen oder Gegenstände dann, wenn weder Schmutz optisch sichtbar, durch Gerüche wahrnehmbar noch durch manuelles Fühlen bemerkbar ist (sogenannte sensorische Sauberkeit).

Auch wenn die Definition zunächst auf die *visuelle Sauberkeit* abhebt, kann man zur Kontrolle der Beseitigung von unerwünschten Produktresten (Eiweiß, Stärke, Fett) den *optisch nicht wahrnehmbaren Reinigungserfolg* mittels Schnelltests messen. Dafür stehen einfache enzymatische Schnelltests zum Nachweis von Eiweißresten oder auch von Resten an gesamter organischer Substanz zur Verfügung. Messbar werden auch organische Schmutz- und Mikroorganismenreste durch den Einsatz eines Nachweistests auf Adenosintriphosphat (ATP).

Der Einsatz von Schnelltests ist insofern wichtig und sinnvoll, da *sauber* die Voraussetzung für eine erfolgreiche, sich anschließende Desinfektion ist, z. B. um eine rasche Inaktivierung der Desinfektionsmittel (Eiweißfehler) zu verhindern und den unnötigen Verbrauch von Bioziden im Sinne der Umweltverträglichkeit und Nachhaltigkeit auf ein Minimum eingrenzen zu können.

3.2.16

Reinigungsmittel

Detergenz und/oder chemisches Mittel, das dazu beiträgt, Verschmutzungen zu entfernen

Chemische Reinigungsmittel werden benötigt, um den Reinigungsprozess zu unterstützen. Insbesondere Verschmutzungen mit Eiweißen, Kohlenhydraten, Fetten und Kalkresten können bei einer Nassreinigung allein nur mit Wasser nicht beseitigt werden.

Reinigungsmittel enthalten daher chemische und/oder biologische Stoffe, die Fett oder Eiweiß quellen, abbauen und/oder lösen können, um diese Substanzen dann mit dem Wasser der Reinigungslösung von der Oberfläche leichter effizient abspülen zu können.

Man bezeichnet diese Stoffe auch als Detergenzien. Dazu zählen Seifen und andere Tenside. Es sind solche Stoffe, die einen Reinigungsprozess erleichtern, indem sie die Grenzflächenspannungen zwischen der zu reinigenden Oberfläche, dem Schmutz und dem Lösemittel Wasser herabsetzen. Das ist insbesondere bei fettigen Verschmutzungen wichtig.

Entsprechend dem Schmutzverhalten gegenüber Wasser wie löslich, quellbar, emulgierbar oder suspendierbar benötigt man chemische und ggf. enzymatische Komponenten in der Reinigungslösung. Zur Reinigung werden daher neutrale, alkalische und saure Reinigungsmittel benötigt.

Neutrale Reinigungsmittel = Detergenzien (pH-Wert: um 7) können sehr gut frische, vor allem fetthaltige Verschmutzungen beseitigen und sollten auch bei empfindlichen Maschinen und Geräten eingesetzt werden.

Alkalische Reinigungsmittel (pH-Wert: 9–14) finden vor allem bei fett- und eiweißreichen Verschmutzungen Einsatz oder bei angetrockneten/eingebrannten Verschmutzungen.

Saure Reinigungsmittel (pH-Wert: 4–0) benötigt man vor allem zum Entfernen von mineralischen Ablagerungen wie bspw. Kalk.

In *Allzweckreinigern* werden Detergenzien mit anderen chemischen Mitteln gemischt, um so ein breiteres Anwendungsspektrum zu ermöglichen. Für eine effektive Reinigung ist der gezielte Einsatz von Reinigungsmitteln, die für die Reinigungsaufgabe optimiert sind, Stand der Technik.

3.2.17

Reinigungsgerät

Maschine, die dazu dient, Verschmutzungen zu entfernen

BEISPIEL Kehrmaschinen, Druck- und Schaumreinigungsgeräte

Die Norm unterscheidet hier auf der Basis dieser Begriffsbestimmung zwischen den Geräten, die man zur Reinigung einsetzt, und den Reinigungsutensilien, die man manuell benutzt (siehe Abschnitt 3.2.18).

Die Geräte können rein mechanischer Bauart sein wie einfache handgetriebene Kehrmaschinen oder mit einem z. B. elektrischen Antrieb versehene Maschinen. Die mechanische Verstärkung eines Reinigungsgerätes kann mittels Bürsten bei einer Kehrmaschine erfolgen oder durch Wasserdruck bei einem Druckreiniger oder in einer Kombination aus beiden Bauarten bestehen.

Zur Optimierung kann auch der zusätzliche Einsatz von Reinigungsmitteln beitragen, die aus Gerätetanks dem Wasser zugesetzt werden oder in Kombination mit einer Luftzumischung zu einer Schaumbildung führen. Schaum kann insbesondere bei vertikalen Flächen dazu beitragen, dass die eingesetzten Reinigungsmittel länger an der Stelle verbleiben (Einwirkzeit) und nicht sofort wieder abfließen.

Reinigungsgeräte sind nützliche Hilfen bei der Reinigung, beinhalten aber auch die Gefahr von Kontaminationen: Kehrmaschinen wirbeln auch Staub auf, Hochdruckreiniger können Schmutzpartikel über Aerosolbildung oder unmittelbar mit dem Spritzstrahl auch auf höher gelegene Oberflächen aufschlagen lassen. Zudem tragen Reinigungsgeräte zur Kontamination mit Mikroorganismen im Betrieb bei, wenn Reinigungsgeräte selbst mit Mikroorganismen kontaminiert sind. Reinigungsgräte müssen deshalb regelmäßig gereinigt und ordnungsgemäß gewartet und instandgehalten werden.

3.2.18

Reinigungsutensil

Mittel, das dazu beiträgt, manuell Verschmutzungen zu entfernen

BEISPIEL Besen, Bürsten, Tücher, Abzieher, Eimer

Im Gegensatz zu den Geräten dienen Reinigungsutensilien unmittelbar zur manuellen Beseitigung von Verschmutzungen. Insbesondere bei der Trockenreinigung benötigt man Besen und Bürsten verschiedenster Bauarten sowie Schaufeln zur Aufnahme des Schmutzes. Schrubber kommen bei der mechanischen Nassreinigung zum Einsatz. Des Weiteren gehören zu den Reinigungsutensilien auch Gegenstände wie auch Topfreinigerschwämme, Tücher aller Art und Eimer zur Aufnahme der vorbereiteten Reinigungslösung, zum Ausspülen von Schwämmen und Lappen und der abschließenden Aufnahme des im Reinigungsvorgang entstandenen Schmutzwassers.

Alle Reinigungsutensilien müssen selbst für den Reinigungsvorgang auch sauber sein bzw. wieder gesäubert werden, müssen trocknen und sachgemäß getrennt von Lebensmitteln aufbewahrt und bei Verschleiß ausgetauscht werden, damit sie nicht selbst zur Quelle von Kontaminationen werden.

Abzieher zählt man auch zu diesen Reinigungsutensilien, obwohl sie meistens erst im Anschluss an den eigentlichen Reinigungsvorgang eingesetzt werden, um das überschüssige Wasser des Nachspülens zu beseitigen, als Hilfe beim Abtrocknen und ggf. auf Böden zur Beseitigung einer Rutschgefahr.

Besonders wichtig sind sie zur Beseitigung von Wasser vor der nachfolgenden Desinfektion, um eine Verdünnung des Desinfektionsmittels und eine damit einhergehende Verminderung der Konzentration und Wirksamkeit zu verhindern. Abzieher müssen daher in besonderem Maße sauber sein!

Benutzte Reinigungsutensilien, die sowohl auf der reinen als auch auf der unreinen Seite einer Betriebsstätte benutzt werden, können zu einer Keimverschleppung beitragen. Um dies zu verhindern, gibt es die Utensilien in verschiedenen farbigen Ausführungen, die die Zuordnung zu den unterschiedlichen Arbeitsbereichen einer Betriebsstätte klar erkennbar machen und Kreuzkontaminationen verhindern helfen.

3.2.19

Desinfektionsmittel

Biozidprodukt, das dazu bestimmt ist, eine Desinfektion zu erzielen

Seit der Veröffentlichung der Verordnung (EU) Nr. 528/2012 (Biozidverordnung) gibt es eine große Gruppe an Stoffen, die als Biozide eingestuft sind. Biozide, die man anwenden will, müssen nach den Vorgaben dieser Verordnung zugelassen sein.

Die Verordnung definiert in Artikel 3 Absatz 1 a) Biozidprodukte als:

> „jeglichen Stoff oder jegliches Gemisch in der Form, in der er/es zum Verwender gelangt, und der/das aus einem oder mehreren Wirkstoffen besteht, diese enthält oder erzeugt, der/das dazu bestimmt ist, auf andere Art als durch bloße physikalische oder mechanische Einwirkung Schadorganismen zu zerstören, abzuschrecken, unschädlich zu machen, ihre Wirkung zu verhindern oder sie in anderer Weise zu bekämpfen“

und

> „jeglichen Stoff oder jegliches Gemisch, der/das aus Stoffen oder Gemischen erzeugt wird, die selbst nicht unter den ersten Gedankenstrich fallen und der/das dazu bestimmt ist, auf andere Art als durch bloße physikalische oder mechanische Einwirkung Schadorganismen zu zerstören, abzuschrecken, unschädlich zu machen, ihre Wirkung zu verhindern oder sie in anderer Weise zu bekämpfen.“

Dazu gehören auch Desinfektionsmittel.

Für diese Norm sind darunter zu verstehen:

- Viruzide gegen Viren,
- Bakterizide gegen Bakterien,
- Fungizide gegen Pilze.

Einzelne Wirkstoffe können auch gegen mehrere Schadorganismen wirksam sein oder in Handelspräparaten z. B. zur Händedesinfektion gemischt werden.

Im Lebensmittelbereich werden Alkohole meist zur Händedesinfektion eingesetzt, aber auch zur Zwischendesinfektion (nach Zwischenreinigung) von Geräten und Oberflächen, bei denen die Verwendung von Wasser vermieden werden soll, da Trockenheit von besonderer Wichtigkeit ist. Alkoholische Mittel haben i. d. R. den Vorteil, nach einer vergleichsweise kurzen Zeit verdampft und damit rückstandsfrei verschwunden zu sein.

Flächendesinfektionsmittel für den Lebensmittelbereich basieren oft auch auf anderen Wirkstoffen, z. B. auf quaternären Ammoniumverbindungen.

Bei der Auswahl eines Produktes muss darauf geachtet werden, dass dieses auch für die angestrebte Anwendung geeignet ist. Viele Desinfektionsmittel wirken z. B. nicht oder nur sehr langsam im niedrigen Temperaturbereich oder nur bei Anwendung in höherer Konzentration.

Die Herstellervorgaben, insbesondere in Hinblick auf Konzentration und Einwirkzeit, müssen daher unbedingt beachtet werden.

3.2.20

Einwirkzeit

Zeitspanne, die erforderlich ist, um Verschmutzungen abzulösen und/oder die erforderliche Desinfektionswirkung zu erzielen

Anmerkung 1 zum Begriff: Verschmutzungen abzulösen, bedeutet, je nach Verschmutzungsgrad diese z. B. zu quellen, zu emulgieren.

Die Einwirkzeit ist die Zeit, die erforderlich ist, um eine gesicherte Wirkung zu erzielen. Die Temperatur der Umgebung und in der Reinigungslösung sowie die korrekte Konzentration des Wirkstoffes beeinflussen die Dauer der Einwirkzeit maßgeblich. Ganz allgemein gilt: Je höher die Temperatur in der Lösung und der Umgebung ist, desto besser ist die Wirkung und desto kürzer ist die Einwirkzeit. Allerdings gilt das für Eiweißverschmutzungen nur bis zu einer Temperatur von ca. 50 °C in der Reinigungslösung, da es sonst zu einem gegenteiligen Effekt durch Denaturierung und Verkrustung von Proteinen auf Oberflächen kommt.

Für die Desinfektion gilt, dass die Einwirkzeit in kalter Umgebung sich deutlich verlängert. Dieser sogenannte Kältefehler ist je nach Desinfektionsmittel unterschiedlich stark ausgeprägt. Die Einwirkzeit ist für jedes Präparat auf dem Behältnis vermerkt. Sie wurde durch Wirksamkeitstests in der Desinfektionsmittelprüfung des Herstellers laboranalytisch bestimmt und wird in der Ergebnisdarstellung als Kombination von Temperatur und Einwirkzeit bei einer gegebenen Konzentration der eingesetzten Desinfektionsmittellösung dargestellt.

3.2.21

Spülverfahren

Aus-, Ab- oder Durchspülen von Lebensmittelkontaktflächen zur Ermittlung des Restkeimgehaltes in der Spülflüssigkeit nach Reinigung und/oder Desinfektion

Anmerkung 1 zum Begriff: Testverfahren, insbesondere zur Überprüfung der Reinigungs- und Desinfektionswirkung an schwer zugänglichen Stellen.

Die Überprüfung des Reinigungs- und Desinfektionserfolges setzt voraus, dass man mit den im Testverfahren vorgesehenen Beprobungsutensilien oder Abnahmematerialien unmittelbar die zu beprobende Fläche berühren kann. Bei Geräten und Maschinen und insbesondere bei allen Schläuchen/Rohren/Gerätetunneln ist das aber nicht immer gegeben. Auch sehr kleine Arbeitsgeräte oder Bauteile von Geräten können nicht mit Tupfern oder Abklatschplatten beprobt werden.

Für alle diese Fälle benötigt man ein Spülverfahren. Wie dieses grundsätzlich funktioniert und welche Anforderungen an ein solches Verfahren zu stellen sind, wurde durch die neue DIN 10546 *Lebensmittelhygiene – Überprüfung der Reinigungs- und Desinfektionswirkung auf Oberflächen mittels Spülverfahren* ergänzend festgelegt. In Abgrenzung zum Nachspülen bei Reinigungs- und Desinfektionsverfahren bezeichnet das „Spülverfahren“ ein Testverfahren zur Überprüfung des Reinigungs- und Desinfektionserfolges **nach** Abschluss der eigentlichen Reinigungs- und Desinfektionsschritte. Im Spülverfahren werden zur Überprüfung die verbliebenen Keime nach abgeschlossener Reinigung und Desinfektion erfasst.

Die Überprüfung des Reinigungs- und Desinfektionserfolges setzt voraus, dass man mit den im Testverfahren vorgesehenen Beprobungsutensilien oder Abnahmematerialien unmittelbar die zu beprobende Fläche berühren kann. Bei

Geräten und Maschinen und insbesondere bei allen Schläuchen, Rohren und Gerätetunneln ist das aber nicht immer gegeben. Auch sehr kleine Arbeitsgeräte oder Bauteile von Geräten können nicht mit Tupfern oder Abklatschplatten beprobt werden. Für alle diese Fälle benötigt man ein Spülverfahren. Wie dieses grundsätzlich funktioniert und welche Anforderungen an ein solches Verfahren zu stellen sind, ist in der DIN 10546 beschrieben.

3.2.22

korrosionsbeständiger Werkstoff

Werkstoff, der den üblichen chemischen oder elektrochemischen Beanspruchungen widersteht

Anmerkung 1 zum Begriff: Eingeschlossen sind die Lebensmittelverarbeitung und die Reinigung und Desinfektion entsprechend der Betriebsanweisung.

Die Korrosion ist eine schädliche Beeinträchtigung eines Werkstoffes ausgelöst durch physiko-chemische Prozesse (z. B. Oxidation, Elektrolyse). Sie führt dazu, dass Anteile oder ganze Partikel des Werkstoffs in ein Lebensmittel gelangen können und die Oberfläche eines so beschädigten Werkstoffes nicht mehr einwandfrei gereinigt und desinfiziert werden kann. Durch mechanische Beeinträchtigungen der Oberfläche von Gegenständen und Einrichtungen kann einer Korrosion Vorschub geleistet werden.

3.2.23

haltbarer Werkstoff

Werkstoff, dessen Oberfläche den vorgesehenen Anwendungsbedingungen widersteht

Anmerkung 1 zum Begriff: Zum Beispiel der Zerstörung durch den Herstellungsablauf, dem Kontakt mit dem zu verarbeitenden Produkt, thermischen Einflüssen, dem Umgang und Kontakt mit den vorgesehenen Reinigungs- und Desinfektionsmitteln.

Im Gegensatz zur Korrosionsbeständigkeitsforderung, die eine Beständigkeit gegenüber chemischen und elektrochemischen Einflüssen beschreibt, handelt es sich bei der Forderung eines haltbaren Werkstoffs um die Bestimmung, dass dieser (insbesondere seine Oberfläche bei mehrschichtigem Aufbau) den Einflüssen während der Verwendung in der Produktion selbst widerstehen kann.

Hier sind z. B. thermische Einflüsse bei der Herstellung, mechanische Einflüsse beim Mengen, Druckbeständigkeit beim Abfüllen, Beständigkeit gegenüber aggressiven Inhaltsstoffen von Rohzutaten und Lebensmitteln mit wechselnden pH-Werten, deren Wassergehalt, die Einflüsse von Wasser (der Ionenkonzentration) sowie die Beständigkeit gegenüber den voraussichtlich angewendeten Reinigungs- und Desinfektionsmitteln gemeint.

In der Begriffsbestimmung wird mit der Festlegung „vorgesehener Anwendungsbedingungen“ die Forderung insofern eingegrenzt, dass es keinen universalen Werkstoff geben muss (auch nicht geben kann), der alle Anforderungen erfüllt, und die Haltbarkeit der eingesetzten Werkstoffe sich deshalb immer nur auf den vorhersehbaren, bestimmungsgemäßen Gebrauch bezieht und vom Hersteller garantiert werden kann, d. h., hier muss der Betreiber mit dem Hersteller im Vorfeld seine ggf. weitergehendenden Anforderungen klären.

Für die Basishygienemaßnahmen *Reinigung* und *Desinfektion* findet man insbesondere im Lebensmittelhygienerecht die Formulierung, dass Oberflächen *leicht zu reinigen und gegebenenfalls zu desinfizieren* (siehe Abschnitt 3.2.12) sein müssen.

3.3 Begriffe im Zusammenhang mit der Lebensmittelsicherheit

3.3.1

Lebensmittelsicherheit

Sicherstellung, dass ein Lebensmittel die Gesundheit des Verbrauchers nicht beeinträchtigt, wenn es der bestimmungsgemäßen Verwendung entsprechend zubereitet und/oder verzehrt wird

Anmerkung 1 zum Begriff: Gefahren für die Lebensmittelsicherheit können auf jeder Stufe der Lebensmittelkette auftreten.

Anmerkung 2 zum Begriff: Lebensmittelsicherheit darf nicht mit der Verfügbarkeit und/oder dem Zugriff auf Lebensmittel („Sicherung von Lebensmitteln“) verwechselt werden.

Anmerkung 3 zum Begriff: Bezüglich der Einstufung eines Lebensmittels als „nicht sicher“ wird auf Artikel 14 der Verordnung (EG) Nr. 178/2002 hingewiesen.

Die Begriffsbestimmung in der DIN 10503 hebt auf die *„Sicherstellung"* gegenüber dem gewählten Begriff *„Zusicherung"* in der Übersetzung zur Original-Begriffsbestimmung zum Lebensmittelrecht im Codex Alimentarius ab.

Diese Definition stammt aus der englischen Version des Codex Alimentarius und wurde auch in der ISO 22000 (englische Fassung) übernommen. Bei der Übersetzung ins Deutsche wurde jedoch bei beiden Werken bisher ein Fehler gemacht, der die gegenwärtige Definition der Lebensmittelsicherheit in beiden untauglich gemacht hat.

Die englische Fassung lautet: „assurance that food will not cause an adverse health effect for the consumer when it is prepared and/or consumed according to its intended use". Das Schlüsselwort hierbei ist „assurance". Ähnlich wie bei dem Begriff „control", das im Englischen eine Reihe unterschiedlicher Bedeutungen haben kann, die ganz unterschiedlich ins Deutsche übersetzt werden (vom „überprüfen", messen", „kontrollieren" im Sinne von „to check" bis hin zum etwas „unter Kontrolle haben", etwas „im Griff haben" im Sinne von „to have, to keep something under control", wie es im HACCP-Kontext gemeint ist) und gerade in der Anfangszeit von HACCP zu einer Vielzahl an Missverständnissen und Fehlern geführt haben, lässt sich auch „assurance" auf verschiedene Weise ins Deutsche übertragen.

So lautet die gegenwärtige Definitionsfassung im deutschen Codex-Text und in der deutschen ISO-Norm: „Zusicherung, dass ein Lebensmittel die Gesundheit des Verbrauchers nicht beeinträchtigt, wenn es der bestimmungsgemäßen Verwendung entsprechend zubereitet und/oder verzehrt wird."

Tatsächlich lässt sich *„assurance that"* auch mit *„Zusicherung, dass ..."* ins Deutsche übersetzen. Das ist hier aber nicht gemeint! Fachlich betrachtet, kann eine „Zusicherung", egal ob mündlich oder schriftlich (Papier ist bekanntlich geduldig), niemals die Lebensmittelsicherheit faktisch gegeben sein lassen oder bewirken.

Nein, was hier im englischen Original gemeint und fachlich auch durchaus korrekt ist, ist das, was die Übersetzung von *„assurance that"* in „Sicherstellung, dass ..." beinhaltet. Da ist ein großer Unterschied zwischen einer Zusicherung und einer Sicherstellung. Es muss sichergestellt werden und sichergestellt sein, dass von dem Lebensmittel kein *„adverse health effect"* usw. ausgeht.

Die vorliegende Norm korrigiert diesen Übersetzungsfehler. Zumindest bei der deutschen Fassung der ISO 22000 wird diese Korrektur im Rahmen der nächsten turnusmäßigen Überarbeitung ebenfalls vorgenommen werden, das Verfahren dazu ist schon auf den Weg gebracht.

3.3.2

Basishygienemaßnahme

Präventivprogramm

PRP, en: prerequisite program

grundlegende Anforderungen und Maßnahmen, die gegeben sein müssen, um die Sicherheit der Lebensmittel auf allen Stufen der Lebensmittelkette sicherzustellen

Anmerkung 1 zum Begriff: Basishygiene umfasst als Komponenten u. a. eine Gute Hygienepraxis und eine Gute Herstellungspraxis.

Anmerkung 2 zum Begriff: PRPs bilden die Grundlage für eine wirksame Umsetzung der HACCP-Grundsätze und sollten bereits vor der Einführung HACCP-gestützter Verfahren eingerichtet worden sein. Die angewandten PRPs müssen der Art und Größe des Betriebs angemessen sein.

Anmerkung 3 zum Begriff: Gemeinsame Maßnahmen, z. B. für Reinigung und Desinfektion, können in einem Präventivprogramm zusammengefasst werden.

Anmerkung 4 zum Begriff: Eine umfassende – aber nicht abschließende – Auflistung von Basishygienemaßnahmen ist der Bekanntmachung der EU-Kommission zur Umsetzung von Managementsystemen für Lebensmittelsicherheit zu entnehmen.

Anmerkung 5 zum Begriff: Zur Definition siehe auch DIN EN ISO 22000.

Der zunehmend gebräuchliche Wechsel von „Basishygiene“ zu *Präventivprogramm* begann mit dem Gedanken an ein ganzheitliches Sicherheitsmanagementsystem, an dessen Anfang die ISO 22000 steht. Während in der klassischen Betrachtungsweise hier Basishygiene und dort HACCP standen (wobei auch schon beim Untermann´schen Haus klar war, dass zwar Basishygiene ohne HACCP auskommen kann, nicht aber umgekehrt HACCP ohne ein funktionierendes Fundament an Basishygiene), setzte sich die Erkenntnis durch, dass es ein vielfältig zusammenhängendes Gesamtkonzept ist. Und dass es, zusätzlich zu den klassischen Elementen, sozusagen auch noch etwas dazwischen gibt, nämlich dann, wenn einerseits die „normale“ Basishygiene nicht ausreicht, es andererseits keinen echten CCP gibt, dennoch aber relevante, spezifische Gefahren „beherrscht“, „gelenkt“ („to control“ im Sinne von HACCP) werden müssen.

Die Unterscheidung in *Präventivprogramm* (PRP) und HACCP erlaubt begrifflich die Einführung von etwas dazwischen Liegendem, das nicht mehr klassische Basishygiene, aber auch kein „echtes" HACCP ist: das *operative Präventivprogramm* (oPRP, siehe Abschnitt 3.3.12). Diese Begrifflichkeit wurde durch die ISO 22000 eingeführt und später auch in den Ausführungen der Kommission Zitat von 2016, dem sogenannten „Leitfaden", übernommen.

3.3.3

Gute Hygienepraxis

GHP, en: good hygienic practice

Summe der betrieblichen Maßnahmen (inklusive Betriebs-, Produktions- und Personalhygiene), die eine gute Hygiene sicherstellen sollen

Diese präventiven, betrieblichen Maßnahmen beziehen sich nicht auf ein einzelnes Produkt oder eine Produktgruppe, sondern sie betreffen den gesamten Betrieb und bilden das Fundament. Die *Gute Hygienepraxis* ist die Basis an Maßnahmen zur Hygiene, die eingeführt werden, aufrechterhalten werden und gut funktionieren muss, um überhaupt erst in die Lage zu kommen, sichere Lebensmittel zu produzieren. Dabei handelt sich um eine breite, übergreifende und betriebsspezifische Praxis der Hygiene, die die Betriebsstätte, die Produktion und das Personal umfasst.

3.3.4

Gute Herstellungspraxis

GMP, en: good manufacturing practice

Summe der grundlegenden Maßnahmen (bezüglich Produktspezifikation und -hygiene), die die beabsichtigten Produkteigenschaften im Sinne der Lebensmittelsicherheit gemäß Produktbeschreibung sicherstellen sollen

Anmerkung 1 zum Begriff: In der Praxis werden im Zuge des Qualitätsmanagements auch qualitative Aspekte hinzugefügt.

Diese präventiven Maßnahmen betrachten schon mehr einzelne Produkte, deren Herstellungsprozesse und Produktcharakteristika und sollen in ihrer Summe bewirken, dass vonseiten der Basishygiene nicht nur grundsätzlich sichere Lebensmittel produziert, sondern tatsächlich die gewünschten, konkreten Lebensmittel mit den gewollten Eigenschaften unter den gegebenen Bedingungen produziert werden können. Dabei ist hier auch sehr schön die

Verzahnung zwischen den PRP und dem HACCP zu erkennen, denn eine hinreichend genaue Produktspezifikation und -beschreibung ist gleichzeitig die notwendige Voraussetzung dafür, dass auf ihrer Basis (und i. d. R. unter Verwendung eines prozessabbildenden Fließdiagramms) eine prozessbegleitende Gefahrenanalyse und Risikobewertung durchgeführt werden kann.

Durch diese Analyse und Darstellung erst können Gefahren und Risiken sichtbar und schließlich auch „beherrschbar“ und „lenkbar“ werden, die als relevante, produktionsspezifische Gefahren und Risiken – auch bei der Annahme eines vollumfänglich installierten und gut funktionierenden Präventivsystems – noch übrig bleiben.

Beispiel hierfür sind bestimmte pathogene Mikroorganismen, die – in Abhängigkeit von der Herkunft des Ausgangsmaterials – in den Herstellungsprozess mit eingebracht werden können *(Pseudomonas sp., Bacillus sp.)* und/oder erst innerhalb desselben zusätzlich entstehen können (z. B. bestimmte Arten von Fremdkörpern).

Einfach weil es sich anbietet, werden auch qualitative Aspekte in der Beschreibung des Sicherheitsmanagementkonzeptes mit abgebildet und betrachtet. Das ist auch durchaus zulässig, auch wenn es natürlich den großen Nachteil mit sich bringt, dass das Konzept insgesamt betrachtet dadurch größer und unübersichtlicher wird, wodurch auch die Wahrscheinlichkeit für Unschärfen und Fehler steigt. Eigentlich sollte man nach dem Grundprinzip vorgehen: so wenig wie möglich, so viel wie nötig, um ein Konzept zu beschreiben, das die Produktion sicherer Lebensmittel garantiert.

Wenn man aber trotzdem andere Aspekte als ausschließlich die der Lebensmittelsicherheit mit in das Konzept aufnimmt, sollte an der Art und Weise, wie das geschieht (z. B. in einer Darstellung über eigene Spalten, Schwere der Auswirkung der „Nicht-Gefahr“ = 0) klar erkennbar werden, dass der verantwortliche Verfasser des Konzeptes/das Lebensmittelunternehmen den Unterschied zwischen „Gefahren“ im lebensmittelrechtlichen Sinne und anderen Aspekten (z. B. Aspekte der Produktion oder Qualitätssicherung) sehr wohl erkannt hat und berücksichtigt.

3.3.5

betriebliche Eigenkontrolle

Verifizierung betrieblicher Maßnahmen, die im Rahmen des Lebensmittelsicherheitskonzeptes vom Lebensmittelunternehmen durchgeführt werden

Anmerkung 1 zum Begriff: Sie dient der systematischen Überwachung von Basishygienemaßnahmen (PRPs, oPRPs) auf deren korrekte Umsetzung und Einhaltung vorgegebener Grenzwerte, z. B. für Lagertemperaturen an Lenkungspunkten (CP, en: control point), oder der Kontrolle der Effizienz einer Maßnahme wie z. B. Reinigung und Desinfektion. Weiterhin sind betriebliche Eigenkontrollen zur Überwachung der CCPs im HACCP-System zu etablieren.

Alle Maßnahmen des Gesamtkonzeptes, die schlussendliche die Lebensmittelsicherheit im Betrieb sicherstellen, müssen regelmäßig auf ihr korrektes, effektives Funktionieren hin überprüft, d. h. verifiziert werden. Dabei darf man aus der Verwendung der Begrifflichkeit *Verifizierung* (6. Prinzip des Codex Alimentarius, siehe Abschnitt 3.3.15) in der Definition keinesfalls den Fehlschluss ziehen, hier seien nur die mit dem HACCP-Anteil zusammenhängenden Maßnahmen gemeint. Nein – auch die Präventivprogramme (Basishygiene) müssen regelmäßig überprüft werden (z. B. der erzielte Reinigungs- und Desinfektionserfolg), damit der Betrieb in seinem ureigensten Interesse sicher sein kann, dass seine Vorkehrungen wie gewünscht greifen und er sich nicht unbemerkt in einer falscher Sicherheit wiegt.

Natürlich sind die Verifizierungen bei den HACCP-basierten Verfahren und operativen Präventivprogrammen, also denjenigen Elementen des Gesamtkonzeptes, die der „Beherrschung, Lenkung" der relevanten, spezifischen Gefahren und ihrer Risiken dienen, von besonders entscheidender Bedeutung. Wenigstens für diese Elemente sollte der Betrieb einen Plan erstellt haben zu den Inhalten, was, wann, wie oft und wie verifiziert werden muss.

Vom Verifizieren abgrenzen muss man das Validieren (siehe Abschnitt 3.3.14), das insbesondere für die Maßnahmen zur Beherrschung (siehe Abschnitt 3.3.13) in aller Regel erforderlich ist, um vor der Installation einer solchen Maßnahme zu belegen, dass sie die „Beherrschung" auch tatsächlich sicherstellen kann. Validieren bedeutet: Tue ich das Richtige. Verifizieren bedeutet: Tue ich es richtig.

3.3.6

Gefahr

en **hazard**

biologisches, chemisches oder physikalisches Agens in einem Lebensmittel oder Futtermittel oder Zustand eines Lebensmittels oder Futtermittels, das oder der eine Gesundheitsbeeinträchtigung verursachen kann

[QUELLE: Verordnung (EG) Nr. 178/2002]

Hier haben wir eine der grundlegenden Rechtsdefinitionen für HACCP-gestützte Gefahren vor uns, die, da sie sich in der Basisverordnung befindet, für HACCP-Systeme und für die Lebensmittelsicherheitskonzepte im europäischen Rechtsgeltungsbereich, deren Komponenten sie sind, verbindlichen Charakter hat.

Bei aller „Flexibilität“ im Umgang mit HACCP von Unternehmensseite – auf diese harte rechtliche Definition können sich problemlos behördliche Forderungen und ggf. Rechtsverfügungen stützen, falls ein Unternehmen innerhalb der Beschreibung seiner eigenen HACCP-gestützten Verfahren diesen Definitionsinhalt nicht berücksichtigt.

Gleichzeitig haben wir auch einen der drei wichtigsten Schlüsselbegriffe für das Verständnis von HACCP und der Denkweise der dahinterstehenden Systematik dazu vor uns. Die anderen beiden sind „Risiko“ (siehe Abschnitt 3.3.8), ebenfalls in der Basisverordnung verbindlich rechtlich definiert, und „Kontrolle“ (engl. „control“).

Für letzteren Begriff gibt es im Lebensmittelkontext keine direkte Rechtsdefinition, aber über die ISO 22000 wird über die Definition „Maßnahme zur Beherrschung“ (siehe Abschnitt 3.3.13, engl. „control measure“) die hier gemeinte fachliche Bedeutung klar beschrieben.

„Gefahr“ und „Risiko“ im lebensmittelrechtlichen Sinne lassen sich nur schlecht getrennt voneinander kommentieren, da ihre Bedeutung sich jeweils gegenseitig beeinflusst. Deswegen erfolgt die weitere Betrachtung hierzu bei der Kommentierung zum „Risiko“ (siehe Abschnitt 3.3.8).

Für die „Kontrolle“ sieht das etwas anders aus, sodass die Kommentierung dieser inhaltlichen Begrifflichkeit von den beiden anderen losgelöst unter „Maßnahme zur Beherrschung“ (siehe Abschnitt 3.3.13) erfolgt.

Wohlgemerkt – im lebensmittelrechtlichen Kontext. Denn in der normalen umgangssprachlichen Verwendung kommen allen drei Begrifflichkeiten durchaus diverse andere Bedeutungen zu. Darauf kann gar nicht oft genug hingewiesen werden. Darauf wird in Abschnitt 3.3.8 und Abschnitt 3.3.13 näher eingegangen.

Wie auch immer – es ist jedem Konzeptverantwortlichen, jedem Unternehmen dringend anzuraten, nicht nur im Kontext von HACCP, sondern innerhalb der Beschreibung des gesamten Sicherheitskonzeptes die drei genannten zentralen Begrifflichkeiten wirklich stringent und konsequent so zu benutzen (das ist i. d. R. bei den Fließtexten gar nicht so einfach), wie sie im lebensmittelrechtlichen Kontext gemeint sind. Und auch im vollen Bewusstsein, dass das vom normalen Sprachgebrauch abweicht. Je besser und konsequenter diese Systematik eingehalten wird, desto besser ist das schlussendliche Resultat.

Sehr hilfreich dafür ist es, wenn man die drei genannten Begrifflichkeiten (und weitere, siehe unten) im Rahmen der eigenen Konzeptbeschreibung für sich selbst im engeren Sinn verbindlich definiert (Was meint das Unternehmen denn, wenn es von „Gefahr“ oder „kontrollieren“ spricht?).

3.3.7

Gefahrenanalyse

Ermittlung von Gefahren für die Lebensmittelsicherheit, die vermieden, ausgeschaltet oder auf ein akzeptables Maß reduziert werden müssen

[QUELLE: Verordnung (EG) Nr. 852/2004]

Der Wortlaut dieser Definition macht schon eindeutig klar, dass hier nicht oder wenigstens nicht ausschließlich eine prozessbegleitende Gefahrenanalyse gemeint sein kann. Es geht zunächst darum, die vorhersehbaren und relevanten Gefahren selbst zu ermitteln, die relevant sind und im Weiteren „beherrscht“ werden müssen – es geht hier primär nicht darum, bereits diejenigen Prozessschritte zu identifizieren, die geeignet sind, die ermittelten Gefahren im Prozess ausreichend zu „beherrschen“. Das ist eher die Sache der prozessbegleitenden Risikobewertung, bei der geschaut wird, welche aus der Liste der ermittelten, relevanten Gefahren sich an welcher Prozessstufe wie entwickelt und welche Prozessstufe zur „Beherrschung“ geeignet ist (CCP oder ein bzw. mehrere oPRP).

Dennoch sind in der Praxis mehrheitlich Konzepte anzutreffen, in denen trotzdem alle Gefahren umfassend aufgeführt sind. Sie umfassen auch diejenigen, die bereits im Vorfeld unter der Annahme eines gut installierten und funktionierenden PRP-Systems „auf einem akzeptablen Maß“ gehalten werden können. Wenn dann auch noch sämtliche denkbaren PRPs, die in dem Zusammenhang präventiv eine Rolle spielen könnten, nur der Vollständigkeit halber (oder weil ein Auditor eines privaten Standards das so möchte) an jedem einzelnen Prozessschritt aufgelistet werden, wird das Gesamtkonzept sehr groß, unübersichtlich und der fokussierte Blick auf das Wesentliche (nämlich die „Beherrschung“ der identifizierten, relevanten Gefahren durch spezifische „Maßnahmen zur Beherrschung“, siehe Abschnitt 3.3.13) geht leicht verloren und die Fehleranfälligkeit steigt.

Die Gefahrenanalyse muss die für die Lebensmittelsicherheit relevanten Gefahren ermitteln und Maßnahmen zu deren Beherrschung klar ersichtlich werden lassen.

3.3.8

Risiko

en **risk**

Funktion aus der Wahrscheinlichkeit des Auftretens der Gefahr und der Schwere der Gefahr für die Gesundheit der Verbraucher unter Einbeziehung des voraussichtlichen Gebrauchs des Lebensmittels

Anmerkung 1 zum Begriff: Die Risikoeinschätzung kann für verschiedene Verbrauchergruppen unterschiedlich sein. Die rechtlichen Vorgaben des Artikel 14 der EU VO 178/2002 sind zu beachten.

Diese Definition hier weicht etwas von derjenigen in der Basisverordnung ab, die für Futter- und Lebensmittelunternehmen rechtsverbindlich ist.

Hinweis

Auch die Einhaltung dieser Legaldefinition bei der Konzeptentwicklung und -beschreibung kann behördlicherseits eingefordert und ggf. mit Verfügung durchgesetzt werden.

Die Rechtsdefinition lautet: „‚Risiko' – eine Funktion der Wahrscheinlichkeit einer die Gesundheit beeinträchtigenden Wirkung und der Schwere dieser Wirkung als Folge der Realisierung einer Gefahr."

Damit ist diese Definition nicht nur, wie oben schon erwähnt, der zweite von den drei wichtigsten Schlüsselbegriffen für das Verständnis von HACCP und der Denkweise der dahinterstehenden Systematik, sondern auch von zentraler Bedeutung für den korrekten Umgang mit den ermittelten relevanten Gefahren in der prozessbegleitenden Risikobewertung. Da die Risikodefinition die *Schwere der Wirkung der Gefahr* glasklar unter dem Aspekt „als Folge der Realisierung der Gefahr" einbezieht, d. h. unter der Annahme, dass die Gefahr über das Lebensmittel den Verbraucher erreicht hat und sich dort realisiert, ist ebenfalls ganz klar, dass diese Gefahr eine Konstante sein muss (Salmonellen sind Salmonellen, eine Glasscherbe ist eine Glasscherbe). Die Schwere der Auswirkung, wenn der Verbraucher das Produkt konsumiert, ist immer gleich, egal auf welcher Prozessstufe und auf welche Weise die Gefahr in das Produkt gelangt ist.

Damit ist eine der beiden Teile, die bei der Funktionsbildung zur Ermittlung der Risikogröße (oft Risikoprioritätszahl genannt) verwendet werden müssen, ein

Konstante, nämlich die *„Schwere der Auswirkung"*. Sie ist an allen Prozessstufen gleich und kann nicht mal höher, mal niedriger ausfallen.

Die andere Komponente der Funktion hingegen ist hochvariabel. Beim korrekten methodischen Vorgehen hierzu wird überprüft und eingeschätzt, wie sich die ermittelte relevante Gefahr im Verlauf des Prozesses entwickelt und wie groß sie folglich am Prozessende im fertigen Produkt ist – dort muss sie entweder nicht (mehr) vorhanden sein oder sich zumindest „auf einem akzeptablen Maß" befinden, d. h., dass der Unternehmer mit diesem Restrisiko mit Blick auf seine Haftung leben, es sozusagen guten Gewissens verantworten und akzeptieren kann. Anderenfalls wäre das Produkt nicht verkehrsfähig, weil potenziell zu *„unsicher"*.

Bei der prozessbegleitenden Risikobetrachtung müssen an jeder Stufe des Prozesses vier Fragen gestellt werden, die sich sehr plakativ als „PIGS"-Methode zusammenfassen lassen:

1) **P**resence: Was ist an dieser Prozessstufe von der betrachteten Gefahr bereits vorhanden (sozusagen als Bürde aus der vorherigen Stufe bereits eingetragen)?
2) **I**ntroduction: Was kommt an dieser Stufe ggf. neu hinzu (Kontamination durch Mitarbeiter, Ausrüstung, Umgebung)?
3) **G**rowth: Kann sich die bereits vorhandene Gefahr an dieser Stelle vermehren (i. d. R. Vermehrung von pathogenen Mikroorganismen aufgrund unzureichender Kühlung, aber z. B. auch Zunahme an kritischen Kohlenstoffverbindungen durch Fehler beim Räuchern)?
4) **S**urvival: Was bleibt am Ende dieser Prozessstufe von der betrachteten Gefahr übrig und wird damit als „presence" in die nächste Prozessstufe weitergegeben?

Wer der Erfinder dieser plakativen Abkürzung „PIGS" ist, ist den Verfassern unbekannt. Die Wurzeln hierfür finden sich jedoch in der ISO 22000. Dort heißt es: „8.5.2.2.2 *The organization shall identify step(s) (e. g. receiving raw materials, processing, distribution and delivery) at which each food safety hazard can be present, be introduced, increase or persist.*"

Auch an dieser Stelle muss noch einmal betont werden, dass der Wortgebrauch in der alltäglichen Umgangssprache, sowohl was die Gefahr als auch das Risiko betrifft, erheblich von demjenigen abweicht, der aufgrund der rechtlichen Definitionsinhalte für die Lebensmittelsicherheitskonzepte erforderlich ist und der auch möglichst präzise eingehalten werden sollte. In der Umgangssprache hingegen wäre in ihrer Unschärfe meist das Risiko gemeint, wenn jemand von einer Gefahr spricht, falls man die lebensmittelrechtliche Systematik analog zu übertragen versuchen würde.

Beispiel

Wenn man morgens zu spät das Haus verlässt, dann besteht normalsprachlich die **Gefahr**, dass man z. B. den Bus verpasst, das entspricht aber **nicht** dem lebensmittelrechtlichen Sinn. Denn nicht die „*Gefahr*“, sondern das „*Risiko*“ besteht, dass man den Bus verpasst. Dieses **Risiko** steigt (Eintrittswahrscheinlichkeit), je mehr Verspätung man beim Verlassen des Hauses hat. Die „Gefahr“ dahinter, wenn es sie denn überhaupt gibt (physikalisch, chemisch, mikrobiologisch, allergen, in jedem Falle gesundheitsgefährdend), käme ja durch das resultierende Zuspätkommen zustande. Vielleicht reagiert ja die vorgesetzte Person „allergisch“ auf diese Gegebenheit, aber auch das würde wiederum eine andere Bedeutung haben als die im lebensmittelrechtlichen Sinne. Kurz – wir haben es hier mit einem Risiko zu tun und dieses ist – in gesundheitlicher Hinsicht – ziemlich sicher gering (Schwere der Auswirkung nahe Null, Eintrittswahrscheinlichkeit abhängig vor der Dauer der Verspätung – auch des Busses).

In der hier vorliegenden Risikodefinition wurde, fachlich vollkommen korrekt, aber in Abweichung zur Legaldefinition, „*... unter Einbeziehung des voraussichtlichen Gebrauchs des Lebensmittels*“ hinzugefügt. Selbstverständlich ist der Unternehmer verpflichtet – auch legal –, die unter vernünftigen Umständen vorhersehbare Verwendung des Lebensmittels durch den Verbraucher in seine Überlegungen mit einfließen zu lassen. Das ergibt sich aus Artikel 14 Abs. 3 Buchstabe a) der Verordnung (EU) 178/2002, der Basisverordnung.

3.3.9
Risikobewertung

Betrachtung der Gefahren in Hinblick auf

- die Wahrscheinlichkeit des Eintritts einer die Gesundheit der Verbraucher beeinträchtigenden Wirkung und
- die Schwere dieser gesundheitlichen Beeinträchtigung als Folge der Realisierung der Gefahr

Anmerkung 1 zum Begriff: Je schwerer die Auswirkungen der Gefahr und je wahrscheinlicher ihr Auftreten ist, desto höher ist das Risiko einer gesundheitlichen Beeinträchtigung für den Verbraucher. Umgedreht kann eine potenzielle Gefahr mit einer geringen Wahrscheinlichkeit des Auftretens auch zu einer Bewertung „geringes Risiko“ führen.

Anmerkung 2 zum Begriff: Bei der Betrachtung der Risikobewertung kann auch die Wahrscheinlichkeit der Entdeckung mit einbezogen werden.

Anmerkung 3 zum Begriff: Sie umfasst neben den Schritten der Gefahrenanalyse und der Abschätzung der Exposition auch die Risikobeschreibung.

In der Rechtsdefinition des „Risikos“ ist leider nicht die Rede von einer Produktbildung, sondern einer „Funktion“. Eine Funktion im mathematischen Sinne kann vieles sein.

Theoretisch könnte man den Zahlenwert, mit dem man die Schwere der gesundheitlichen Beeinträchtigung angibt, von demjenigen der Eintrittswahrscheinlichkeit subtrahieren. Auch das wäre mathematisch noch eine Funktion, fachlich natürlich vollkommen sinnfrei.

In der Praxis am häufigsten anzutreffen ist die Produktbildung aus den beiden Zahlenwerten für *Schwere der Auswirkung* und *Wahrscheinlichkeit deren Realisation* beim Verbraucher, da man im ersten Ansatz von einer gewissen Proportionalität ausgehen kann.

Und das ist sicherlich auch der pragmatischste Weg.

Damit wird der erhebliche Unterschied zwischen einer *sehr unwahrscheinlichen* und/oder einer *sehr schweren* Auswirkung bzw. einer *sehr hohen Eintrittswahrscheinlichkeit* am besten verdeutlicht, denn an den resultierenden Zahlenwerten wird im Konzept in aller Regel festgemacht,

- ab welcher Größenordnung erster Handlungsbedarf im Sinne von verstärkter Prävention und
- ab wann der Bedarf für echte „Beherrschungsmaßnahmen“ (CCP, oPRP(s)) gesehen wird,

um garantieren zu können, dass am Ende des Herstellungsprozesses ein sicheres Lebensmittel resultiert.

Oft wird hier der Begriff der Risikoprioritätszahl verwendet.

Die *Entdeckungswahrscheinlichkeit* ist Teil der Betrachtung der *Eintrittswahrscheinlichkeit* und orientiert sich am Stand des Marktgeschehens, d. h., die Einbeziehung der Entdeckungswahrscheinlichkeit ist im Prozess der fortlaufenden Risikobewertung zu beachten und ggf. vor dem Stand aktueller Fallzahlen zu berücksichtigen.

Die Kategorie „*Todesfall und schwere Erkrankung*“ (als Schwere der Gefahr) darf nur in Kombination mit „unwahrscheinlich“ (als Eintrittswahrscheinlichkeit) bewertet werden. Selbst bei einer numerisch geringen Wahrscheinlichkeit eines Todesfalles ist die Grenze – mit Blick auf ein sicheres Lebensmittel für die Endverbraucher – bereits überschritten. Hier gibt es keinen Spielraum in der Risikobewertung.

Die Akzeptanz für sichere Lebensmittel kann nicht durch Annahme einer Fehlertoleranz für fatale Gefahren erreicht werden, das ist nicht zulässig.

3.3.10

HACCP-Verfahren

systematischer Ansatz zur Identifizierung, Bewertung und Beherrschung von Gefahren für die Lebensmittelsicherheit

Anmerkung 1 zum Begriff: Das HACCP-Verfahren beruht auf den sieben Grundsätzen, die vom Codex Alimentarius beschrieben und in der EU Verordnung (EG) Nr. 852/2004 Artikel 5 festgelegt wurden: siehe auch Anhang A.

Anmerkung 2 zum Begriff: HACCP, en: hazard analysis and critical control point.

[QUELLE: Verordnung (EG) Nr. 852/2004, modifiziert – Anmerkung 1 zum Begriff und Anmerkung 2 zum Begriff wurden hinzugefügt.]

Auch bei vollständig installierten und korrekt funktionierenden PRPs, Basishygienemaßnahmen bleiben spezifische Gefahren und deren damit verbundene Risiken übrig, die durch die PRP nicht ausreichend präventiv auf einem annehmbaren Maß gehalten werden können. Diese werden im Rahmen der initialen Gefahrenanalyse und Risikobewertung identifiziert und vom Unternehmer als relevant eingestuft, d. h., der vorgesehene Herstellungsprozess muss dazu in der Lage sein, diese Gefahren durch spezifische Beherrschungs-(„*control*“)Maßnahmen (siehe Abschnitt 3.3.13) zu „beherrschen, zu lenken, zu kontrollieren“ im Sinne von HACCP (*to get or keep it under control*) und auf diese Weise zu eliminieren oder zumindest auf ein (für den Unternehmer) annehmbares Maß zu reduzieren.

Das HACCP-Verfahren dient diesem Zweck.

Basierend auf

- einer ausreichend genauen Produktbeschreibung,
- dem vorgesehenen Verwendungszweck und

i. d. R. unter Verwendung eines Fließdiagramms (das den Produktionsprozess genau und hinreichend detailliert abbildet) wird nun, indem man konsequent Stufe für Stufe des Herstellungsprozesses durchgeht, ermittelt,

- wie das spezifische Risiko, das von der ermittelten relevanten Gefahr potenziell ausgeht, sich auf dieser Prozessstufe entwickelt (Bleibt es gleich, nimmt es zu, wird es reduziert, was bleibt übrig?)
- und ob diese Prozessstufe erforderlich sowie geeignet ist, die Gefahr so weit zu reduzieren, dass sie im Endprodukt auf einem akzeptablen Maß angekommen ist.

Selbstverständlich dürfen die nachfolgenden Produktionsstufen keinen Wiederanstieg des Risikos zulassen– dafür gibt es ja die gut funktionierenden PRPs, die Grundvoraussetzung.

Das geschieht i. d. R., indem Schritt für Schritt, dem Fließdiagramm sukzessive folgend, überprüft wird, wie sich das Risiko der betrachteten Gefahr auf dieser Prozessstufe entwickelt (auf den Nutzen der PIGS-Methode wurde schon hingewiesen, siehe Abschnitt 3.3.8).

Gleichzeitig wird darauf überprüft, ob und inwieweit sich die jeweilige Prozessstufe dazu eignet, die relevante Gefahr zu „beherrschen/lenken“. Das geschieht i. d. R. unter Verwendung eines Entscheidungsbaumes, bei dem unter sukzessiver Beantwortung von ein paar Schlüsselfragen festgestellt wird, ob es sich bei der betrachteten Stufe um einen CCP handelt oder nicht.

Hinweis

Neuere Entscheidungsbaummodelle überprüfen auch daraufhin, dass, wenn kein CCP vorliegt, nicht ggf. ein oPRP vorliegen könnte.

Wenn dem so ist, dann ist damit derjenige Prozessschritt identifiziert, bei dem die Beherrschungs-(„control“)Maßnahme installiert werden und greifen muss, um ein sicheres Endprodukt zu garantieren.

Im Codex Alimentarius ist bei der letzten Überarbeitung die Forderung nach einem Entscheidungsbaum gestrichen worden. Als Begründung hierfür wird angeführt, dass Entscheidungsbäume in der Praxis häufig zu mehr Verwirrung als Nutzen geführt hätten. Dem muss klar widersprochen werden. Wenn durch Entscheidungsbäume Verwirrung entstanden ist, dann lag das daran, dass die Entscheidungsbäume bzw. die in ihnen formulierten Fragen fehlerhaft oder nicht eindeutig und präzise genug gestellt wurden.

In der Tat sind in der Praxis viele solcher nicht ganz tauglichen Entscheidungsbäume unterwegs. Und wenn die dann noch dazu hinsichtlich ihrer Fragen nicht absolut und schonungslos ehrlich, sondern ein wenig durch die rosa Brille betrachtet beantwortet werden, ja dann ... dann entsteht Verwirrung.

Aber im Grundsatz bleibt es dabei – ein guter und klar formulierter Entscheidungsbaum ist ein ausgezeichnetes Hilfsmittel und Arbeitswerkzeug zur Darstellung und Überprüfung der Vorgehensweise der Gefahrenanalyse und der Ergebnisse der Risikobewertung, ebenso wie eine ausreichend präzise Produktbeschreibung eine notwendige Voraussetzung zur Erstellung eines guten HACCP-Verfahrens ist.

Die Verwendung von beiden ist unbedingt anzuraten.

3.3.11

kritischer Lenkungspunkt

CCP, en: critical control point

Schritt im Prozess, an dem (eine) Maßnahme(n) zur Beherrschung angewendet wird (werden), um eine durch die Risikobewertung als relevant eingestufte Gefahr für die Lebensmittelsicherheit zu eliminieren oder auf ein annehmbares Maß zu reduzieren, und (ein) definierte(r) Grenzwert(e) und Messungen die Anwendung von Korrekturen ermöglichen

Anmerkung 1 zum Begriff: CCP wird in der VO (EG) Nr. 852/2004 als „kritischer Kontrollpunkt“ übersetzt.

[QUELLE: DIN EN ISO 22000:2018-09, 3.11, modifiziert – „verhindern“ durch „eliminieren“ ersetzt, Anmerkung 1 zum Begriff wurde hinzugefügt.]

Der kritische Lenkungspunkt „lokalisiert“ den definierten Schritt im Herstellungsprozess, der der klassischen, spezifischen Maßnahme zur Beherrschung, Lenkung („control“ im HACCP-Sinn) einer relevanten Gefahr dient bzw. dienen muss. Relevante Gefahren können auch bei vollständiger Implementierung und störungsfreier Anwendung von PRP übrig bleiben.

In einem älteren Muster-Entscheidungsbaum, der zur Identifizierung eines CCP im Prozess dienen sollte und der von vielen Unternehmen verwendet wurde, war eine der Fragen, ob dieser Prozessschritt speziell dafür *designed* war, die Gefahr an diesem Prozessschritt zu eliminieren oder auf ein akzeptables Maß zu reduzieren. Richtiger wäre gewesen, zu fragen, ob der Prozessschritt „*geeignet*“ dafür wäre bzw. ist, denn die andere Frage hat natürlich zu Verwirrung und zu Fehlern geführt. Beispiel: Kontrolle der aseptischen Befüllung an einer

Getränkefüllanlage: Natürlich ist die Anlage für den bestimmungsgemäßen Gebrauch *designed*, jedoch ist die Frage, ob die Maßnahme am CP wirksam ist, die relevante Gefahr einer sekundären Kontamination durch Verpackungsmaterial im Abfüllvorgang wirksam zu minieren.

Klar ist dagegen: Ein Koch kocht das Essen nicht, um damit vegetative, pathogene Mikroorganismen abzutöten, sondern um ein gutes Essen zuzubereiten. Ebenso wenig backt ein Bäcker sein Brot, um diese Mikroorganismen abzutöten, sondern um es zu backen. Trotzdem, beide Erhitzungsschritte aus diesen Beispielen sind dazu geeignet, diese Mikroorganismen sicher zu inaktivieren. Und wenn diese vorher eine Gefahr in den Ausgangsstoffen des Prozesses sein konnten, dann sind sie es nach diesem Erhitzungsschritt nicht mehr.

3.3.12

operatives Präventivprogramm

oPRP, en: operational prerequisite program

Maßnahme zur Beherrschung oder eine Kombination von Maßnahmen zur Beherrschung mit dem Zweck der Prävention oder Reduktion einer relevanten Gefahr für die Lebensmittelsicherheit auf ein annehmbares Maß, wobei ein Handlungskriterium und eine Messung oder Beobachtung eine wirksame Steuerung des Prozesses und/oder des Produkts ermöglichen

Anmerkung 1 zum Begriff: Wenn in Folge der Risikobewertung für eine relevante Gefahr kein CCP definiert werden kann, sollte auf oPRPs zurückgegriffen werden.

[QUELLE: DIN EN ISO 22000:2018-09, 3.30, modifiziert – „signifikante“ durch „relevante“ ersetzt und Anmerkung 1 zum Begriff hinzugefügt.]

Wie die CCP gehören auch die oPRPs zu den spezifischen Maßnahmen zur Beherrschung (siehe Abschnitt 3.13, „control“ im HACCP-Sinne). Sie sind immer dann erforderlich, wenn bei der Gefahrenanalyse und Risikobewertung spezifische Gefahren trotz vollständig installierten und funktionierenden PRPs als übrig bleibend identifiziert sowie als weiterhin relevant eingestuft wurden und wenn zur Beherrschung dieser Gefahren (bzw. von deren Risiken) kein wirklicher CCP im Sinne der Definition identifiziert werden kann.

Von den normalen PRPs unterscheiden sich die oPRPs also dadurch, dass sie nicht (wie die PRPs) allgemein betriebsbezogen sind, sondern in Hinblick auf ein ganz bestimmtes Produkt(-Gruppe) bzw. einen ganz bestimmten Herstellungsprozess eingesetzt werden, um allein oder in Kombination mit anderen oPRPs die identifizierte Gefahr – trotz Fehlen eines CCP – zu beherrschen bzw. zu lenken.

Wie ein CCP sein *critical limit* benötigt, so ist auch beim oPRP ein greifbares Kriterium erforderlich, das die Unterscheidung zwischen akzeptabel und nicht akzeptabel ermöglicht. Allerdings muss dieses Kriterium sich nicht notwendigerweise direkt objektivierend und prozessbegleitend messen lassen.

In der Bekanntmachung der Kommission 2016/C 278/01, gemeinhin „Leitfaden" genannt, findet sich eine Anlage 4. Auf diese sei hier besonders hingewiesen, da sie eine sehr schöne und übersichtliche tabellarische Zusammenstellung der Gemeinsamkeiten und Unterschiede von PRP, oPRP und CCP bietet. Diese weist, im Gegensatz zu vielen anderen Teilen des Leitfadens, keinerlei sprachliche oder methodische Ungenauigkeiten auf und kann vorbehaltlos empfohlen werden.

Neben den an anderer Stelle erläuterten Übertragungsfehlern von englischen Worten, die im Deutschen mehrfache und unterschiedliche Bedeutung haben können (siehe Abschnitt3.3.1 „assurance" und Abschnitt 3.3.13 „control") und wo die Fehler in der deutschen Fassung schlicht auf unrichtige Übersetzung zurückzuführen sind, findet sich ein solcher Fehler auch hier. Die Modifikation in der Zitatangabe weist darauf hin.

Das englische „signifikant" wird i. d. R, das heißt in den meisten Fällen, mit „bedeutend", „groß", „wichtig", „bedeutsam" ins Deutsche übertragen. Daneben kann es, je nach Kontext, „erheblich", „wesentlich", „maßgeblich", „charakteristisch", „kennzeichnend" und einiges mehr bedeuten.

In wenigen Fällen, wenn nämlich der Kontext passt, da es im Text in irgendeiner Weise um Statistiken geht, ist auch die Übersetzung mit „signifikant" möglich, wobei dieses Verbum im Deutschen in jedem Zusammenhang im erweiterten wissenschaftlichen Kontext immer im Sinne von „statistisch signifikant" gebraucht wird, quasi als Synonym.

Bei der Übertragung der ISO 22000 vom Englischen ins Deutsche (ebenso wie bei der Übertragung des Codex Alimentarius und der Bekanntmachung der EU von 2016) wurde immer dann, wenn im englischen Text die Rede von „significant" ist, bei der Übertragung aus der Vielzahl an möglichen Entsprechungen ausgerechnet „signifikant" ausgewählt – der Fehler zieht sich durchs Dokument und taucht an verschiedenen Stellen auf, wo immer wieder die Rede von „signifikanten Gefahren" ist. Dabei hat das alles rein gar nichts mit Statistiken zu tun – es geht hier um die Gefahren, die der Unternehmer im Rahmen seiner Gefahrenanalyse identifiziert und auch, trotz optimal laufendem Präventivprogramm, als wichtig, bedeutend, wesentlich usw. einschätzt und die folglich eine „Beherrschung, Lenkung" („control" im HACCP-Sinne) benötigen.

In dieser Norm wurde für „significant" durchgehend die Übersetzung „relevant" gewählt, um zum Ausdruck zu bringen, dass die Gefahrenanalyse nicht statistische im Sinne des deutschen Sprachgebrauches in Erwägung zieht, sondern vernünftigerweise vorhersehbare, tatsächlich eintretende Gefahren ermittelt und einbezieht. Bei der nächsten turnusmäßigen Überarbeitung der ISO 22000 wird auch dort eine entsprechende Anpassung erfolgen.

3.3.13

Maßnahme zur Beherrschung

Handlung oder Tätigkeit, die entscheidend ist, um einer durch Risikobewertung als relevant eingestuften Gefahr für die Lebensmittelsicherheit vorzubeugen, diese zu verhindern oder auf ein annehmbares Maß zu reduzieren

Anmerkung 1 zum Begriff: (Eine) Maßnahme(n) zur Beherrschung wird (werden) nach der Gefahrenanalyse und Risikobewertung ermittelt.

[QUELLE: DIN EN ISO 22000:2018-09, 3.8, modifiziert – Englische Fassung der Definition wurde angepasst übernommen, die beiden Anmerkungen zum Begriff gestrichen und Anmerkung 1 zum Begriff hinzugefügt.]

Die ISO 22000 gibt hier den Goldstandard vor, indem sie nicht nur innerhalb der Wortwahl ihres Textes, sondern auch auf Definitionsebene klar zwischen den normalen, betriebsbezogenen und präventiven Basishygienemaßnahmen (PRPs) und den spezifischen Maßnahmen unterscheidet, die der „Beherrschung, Lenkung" einer identifizierten relevanten Gefahr dienen, also den CCPs und oPRPs.

In der Neufassung des Codex Alimentarius ist diese ursprünglich auch dort zu findende Unterscheidung nicht mit der gleichen Konsequenz vorgenommen worden, sondern hier ist dem Sinne nach noch die Rede davon, dass bei leichteren Gefahren auch „control" durch Maßnahmen der Guten Hygienepraxis (GHP) möglich ist. Obwohl im Weiteren schon erkennbar wird, dass die hier gemeinten GHP-Maßnahmen solche sind, die von der ISO-Systematik als oPRP eingestuft werden würden (dieser Begriff findet sich im Codex nicht), ist diese nun fehlende Unterscheidung schon aus methodisch-didaktischen Gründen durchaus misslich.

In der Bekanntmachung der Kommission wird in dieser Hinsicht – abgesehen von der sehr guten Anlage 4, auf die bereits hingewiesen wurde (siehe Abschnitt 3.3.12) – dies überhaupt nicht unterschieden.

Es wird auch hier noch einmal der Rat gegeben, beim Abfassen des eigenen Sicherheitskonzeptes bei der Wortwahl sauber zwischen den präventiven PRPs und den spezifischen Maßnahmen zur Beherrschung (oPRPs, CCPs) zu unterscheiden und die Begrifflichkeiten „beherrschen“, „lenken“ nur im Kontext zu CCPs und/oder oPRPs zu verwenden und Missverständnisse schon im Vorfeld auszuschließen.

3.3.14

Validierung

Erbringung eines objektiven Nachweises, dass die für eine Maßnahme spezifizierten Anforderungen ihren Zweck erfüllen

Anmerkung 1 zum Begriff: Die Validierung sollte für die Festlegung der Maßnahmen im Vorfeld und bei jeder maßgeblichen Änderung einer Maßnahme erfolgen.

Sowohl CCPs als auch oPRPs bedürfen zwingend der Validierung. Da es sich jeweils um die spezifischen Beherrschungsmaßnahmen handelt, die eine identifizierte Gefahr in den Griff bekommen (beseitigen oder auf ein annehmbares Maß reduzieren) sollen – und da somit die Sicherheit des fertigen Produktes von ihnen abhängt –, muss man zweifelsfrei wissen, dass die gewählte(n) spezifische(n) Maßnahme(n) auch wirklich geeignet ist (sind), um die Gefahr zu beherrschen. Die Validierung dient dazu, dies für das spezifische Verfahren objektivierbar nachzuweisen.

Das heißt natürlich nicht, dass jedes Unternehmen jeden von ihm eingesetzten CCP oder oPRP aufwendig selbst validieren muss. Wenn es gesicherte, wissenschaftliche Erkenntnisse gibt oder z. B. Validierungsuntersuchungen von einem Hersteller oder Lieferanten für eine Maschine, Anlage eines wirksam werdenden Ausgangsstoffes zur Verfügung stehen bzw. gestellt werden, können diese Validierungsdaten selbstverständlich herangezogen werden. Auch ist das Ausmaß der eigenen Aufwendungen, falls solche notwendig werden, stark davon abhängig, wie weit das individuell gewählte *critical limit* bzw. Differenzierungskriterium von den jeweils in der Literatur oder anderweitig zur Verfügung stehenden Validierungsdaten und Rahmenbedingungen abweicht.

Beispiel

Thermische Inaktivierung von pathogenen Mikroorganismen

Hier kann die gesicherte Temperatur-/Zeiteinwirkungsrelation von 72 °C für 2 Minuten (Kerntemperatur) herangezogen werden (DIN 10508). Niemand käme ernsthaft auf die Idee, diese geübte Praxis anzweifeln zu wollen. Wenn man das Backen eines Brotes gleichzeitig als thermischen CCP auffasst, bei dem im Teig ggf. ursprünglich vorhandene vegetative Pathogene sicher inaktiviert werden – dazu ist sowohl die zum Backen benötigte Temperatur als auch die erforderliche Zeit für den erfolgreichen Backprozess weit oberhalb von den 72 °C und den 2 Minuten – oder wenn der Hersteller aufgrund seiner Untersuchungen garantiert, dass ein Produkt eines gegebenen Kalibers in seiner Maschine auf eine Umgebungstemperatur von 92 °C hochgeheizt wird und im Produktkern 72 °C für deutlich mehr als 2 Minuten erreicht werden, kann der Betreiber der Maschine durchaus diese validen Prozessdaten heranziehen – er muss dann im Rahmen des Monitorings dieses CCP nur noch die Umgebungstemperatur-Zielmarke (hier 92 °C) überprüfen und dokumentieren, dass diese im Betrieb tatsächlich erreicht wurde.

Wenn aber der Prozess so ausgelegt und gesteuert wird, dass die Vorgaben 72 °C, 2 Minuten im Kern gerade mal eben erreicht werden (z. B. weil sonst Qualitätseinbußen im Produkt erwartet werden), dann ist schon der chargenbezogene Nachweis erforderlich, dass dieses sichere *critical limit* auch jedes Mal sicher erreicht wurde. Oder wenn aus prozesstechnischen Gründen abweichend im Garprozess eine andere Temperatur-Zeit-Kombination gewählt wird, für die keine gesicherten produktspezifischen Validierungsdaten vorliegen, ist es erforderlich, die Validierung für diese Maßnahme im Vorfeld selbst durchzuführen.

Da sich die Validierung jeweils auf ein konkretes (Produktions-)Verfahren bezieht, muss bei Änderung im Prozess, Abweichungen oder bekanntgewordenen Zwischenfällen die Validierung erneut durgeführt werden.

3.3.15
Verifizierung

Erbringung eines objektiven Nachweises, dass eine Maßnahme die spezifizierten Anforderungen erfüllt

Anmerkung 1 zum Begriff: Im Kontext von HACCP bedeutet Verifizierung, dass die vorgesehenen Maßnahmen für die Beherrschung der Gefahr zweckdienlich sind und dass das HACCP-System ordnungsgemäß funktioniert.

Verifiziert, d. h. unter den konkreten Prozessbedingungen in ihrer Wirksamkeit belegt, müssen alle Maßnahmen werden, die im Rahmen eines Sicherheitsmanagementkonzeptes erforderlich sind bzw. die zum Erfolg des Konzeptes beitragen sollen. Bei den spezifischen Maßnahmen zur Risiko-Beherrschung (CCP, oPRP(s), siehe Abschnitt 3.3.13) ist das sowieso selbstverständlich, zumal das 6. Codex-Prinzip die Verifizierung ja ausdrücklich adressiert.

Aber auch die Basishygienemaßnahmen, die normalen PRPs, bedürfen der Verifizierung, denn wenn sie nicht gut implementiert sind und im Alltag auch gut wirksam funktionieren, dann fehlt die Ausgangsplattform für erfolgreiche HACCP-gestützte Verfahren. Die Frage kann hier höchstens sein, mit welcher Häufigkeit bzw. Untersuchungsdichte die PRPs im Rahmen des Eigenkontrollkonzeptes überprüft, verifiziert werden. Die einfache Faustregel ist, dass, je kritischer ein (Teil-)Versagen einer Managementmaßnahme, spezifische Beherrschungsmaßnahme oder PRP für die letztendlich resultierende Produktsicherheit sein kann, desto häufiger muss diese verifiziert werden.

Mikrobiologische Untersuchungen, seien es Produkt- oder Abklatsch- und Umgebungsuntersuchungen, sind fast immer Untersuchungen im Rahmen der Verifizierung – eine Ausnahme wäre z. B., wenn ein Hersteller von tiefgefrorenem Hackfleisch die Charge erst freigibt, nachdem eine mikrobiologische Untersuchung das Freisein von Salmonellen bestätigt hat (*hold and test*). Solch eine Untersuchung könnte man auch als oPRP auffassen, da sich eine Maßnahme zur Beherrschung der Gefahr analog eines CPs einsetzen lässt.

Ansonsten sind nahezu alle Eigenkontrolluntersuchungen, die auf Stichproben beruhen (und damit nur mehr oder weniger wirklich zutreffend Schlüsse auf die Grundgesamtheit zulassen), Maßnahmen der Verifizierung. Das beginnt mit der Wareneingangskontrolle, wenn ein Unternehmen ab und an eine Teilprobe untersuchen lässt, um zu überprüfen, dass die vom Lieferanten garantierten Eigenschaften (z. B. Freisein bzw. Maximalgehalte von bestimmten Chemikalien) auch tatsächlich eingehalten werden.

3.3.16

Rückverfolgbarkeit

Möglichkeit, ein Lebensmittel oder Futtermittel, ein der Lebensmittelgewinnung dienendes Tier oder einen Stoff, der dazu bestimmt ist oder von dem erwartet werden kann, dass er in einem Lebensmittel oder Futtermittel verarbeitet wird, durch alle Produktions-, Verarbeitungs- und Vertriebsstufen zu verfolgen

Anmerkung 1 zum Begriff: Neben der zitierten Definition aus der Verordnung (EG) Nr. 178/2002 wird auf weitere Definitionen der Rahmenverordnung (EG) Nr. 1935/2004 sowie des Codex Komitees für Grundsatzfragen und einschlägige ISO-Normen hingewiesen.

Anmerkung 2 zum Begriff: Die Rückverfolgbarkeit umfasst in der Regel den Bezug und die Abgabe von Waren an Dritte.

[QUELLE: Verordnung (EG) Nr. 178/2002, modifiziert – Anmerkung 1 zum Begriff und Anmerkung 2 zum Begriff wurden hinzugefügt.]

Anders, als es der Wortlaut dieser Definition selbst erwarten lässt, begründet der Artikel 18 der Verordnung (EG) 178/2002, der die EU-weit geltenden Anforderungen an die Rückverfolgbarkeit festlegt, keine wirkliche Forderung nach einer Rückverfolgbarkeit durch alle Produktions-, Verarbeitungs- und Vertriebsstufen. Rechtlich gefordert (und von der zuständigen Behörde demzufolge einforderbar) sind lediglich „ein Schritt vorwärts – ein Schritt zurück" – von welchem Unternehmen wurde wann wie viel von welcher Ware bezogen und an welche Unternahmen wurde wann was in welcher Menge geliefert (die Abgabe an Endverbraucher ist ausdrücklich ausgenommen). Für einige Lebensmittel (tierischer Herkunft, Sprossen) gelten etwas erweiterte Vorgaben.

Insbesondere die Anmerkung 1 zum Begriff weist darauf hin, dass der Codex sowie die ISO-Normen, insbesondere die ISO 22005, weitere Vorgaben enthalten, die natürlich nicht rechtsverbindlich sind. Sie sind auch, einschließlich der ISO 22005, mehr eine Listung dessen, was Rückverfolgbarkeitssysteme alles berücksichtigen und beinhalten können, als vielmehr Vorgaben, was enthalten sein sollte.

Deshalb an dieser Stelle die Empfehlung (die sich in diesem Falle mit den Forderungen sämtlicher privaten Standards deckt), dass ein Unternehmen unbedingt ein System der internen Rückverfolgbarkeit installiert und regelmäßig verifiziert, welches die bezogenen Rohstoffe (inkl. Verpackungsmaterialien etc.) durch die Produktionsprozesse hindurch bis zu den resultierenden Endprodukten chargengenau nachverfolgen lässt. So lässt sich in dem Fall, dass tatsächlich mal eine Rücknahme, ein Rückruf fällig werden sollte, der entstehende Schaden möglichst weitgehend begrenzen.

A.3 Auszüge aus DIN EN ISO 22000

Im Folgenden einige Zitate aus der DIN EN ISO 22000 „Managementsysteme für die Lebensmittelsicherheit – Anforderungen an Organisationen in der Lebensmittelkette“, Abschnitt 8 „Betrieb“, die für Hygieneschulungen besondere Relevanz haben.

8.2.4 Bei der Festlegung des (der) PRP(s) muss die Organisation Folgendes berücksichtigen:

a) die Ausführung und Anordnung von Gebäuden und zugehörigen Versorgungseinrichtungen;

b) die Anordnung der Betriebsgebäude, einschließlich Zoneneinteilung, Arbeitsplätzen und Personaleinrichtungen;

c) die Zufuhr von Luft, Wasser und Energie und andere Versorgungseinrichtungen;

d) Schädlingsbekämpfung, Abfall- und Abwasserentsorgung sowie unterstützende Leistungen;

e) die Eignung der Ausrüstung und deren Zugänglichkeit für Reinigung und Wartung;

f) Genehmigungs- und Sicherungsprozesse der Zulieferer (z. B. Rohstoffe, Zutaten, Chemikalien und Verpackungsmaterialien);

g) den Empfang von eingehenden Materialien, Lagerung, Versand, Transport und Handhabung von Produkten;

h) die Maßnahmen zur Verhinderung einer Kreuzkontamination;

i) Reinigung und Desinfektion;

j) die Personalhygiene;

k) Produktinformationen/Verbraucherbewusstsein;

l) gegebenenfalls andere relevante Aspekte.

Die dokumentierte Information muss die Auswahl, Einführung, angewendete Überwachung und Verifizierung der PRP(s) festlegen.

8.4 Notfallbereitschaft und -reaktion

8.4.1 Allgemeines

Die oberste Leitung muss sicherstellen, dass Verfahren der Reaktion auf potenzielle Notfallsituationen oder Vorfälle, die Auswirkungen auf die Lebensmittelsicherheit haben können und die für die Rolle der Organisation in der Lebensmittelkette Relevanz haben, eingeführt sind.

Es muss dokumentierte Information für die Führung und Steuerung dieser Situationen und Vorfälle erstellt und aufbewahrt werden.

8.5 Gefahrenbewältigung

8.5.1 Vorbereitung der Gefahrenanalyse

8.5.1.1 Allgemeines

Zur Durchführung der Gefahrenanalyse muss die Lebensmittelsicherheitsgruppe im Vorfeld dokumentierte Information sammeln, aufrechterhalten und aktualisieren. Diese muss mindestens Folgendes umfassen:

a) geltende gesetzliche und behördliche Anforderungen und Kundenanforderungen;

b) die Produkte, Prozesse und Ausrüstung der Organisation;

c) die für das FSMS relevanten Gefahren für die Lebensmittelsicherheit.

8.5.1.2 Eigenschaften von Rohstoffen, Zutaten und mit Produkten in Berührung kommenden Materialien

Die Organisation muss sicherstellen, dass alle geltenden gesetzlichen und behördlichen Anforderungen an die Lebensmittelsicherheit für alle Rohstoffe, Zutaten und mit Produkten in Berührung kommenden Materialien identifiziert sind.

Die Organisation muss in dem zur Durchführung der Gefahrenanalyse (siehe 8.5.2) erforderlichen Umfang dokumentierte Information zu allen Rohstoffen, Zutaten und mit Produkten in Berührung kommenden Materialien aufbewahren; dies schließt u. a. Folgendes ein:

a) biologische, chemische und physikalische Eigenschaften;

b) Zusammensetzung der formulierten Zutaten, einschließlich Zusatz- und Hilfsstoffen;

c) Ursprung (z. B. tierisch, mineralisch oder pflanzlich);
d) Ursprungsort (Herkunft);
e) Produktionsverfahren;
f) Verpackungs- und Auslieferungsverfahren;
g) Lagerungsbedingungen und Haltbarkeitsdauer;
h) Zubereitung und/oder Handhabung vor der Verwendung oder der Verarbeitung;
i) auf die Lebensmittelsicherheit bezogene Annahmekriterien oder Spezifikationen von gekauften Materialien und Zutaten entsprechend deren bestimmungsgemäßer Verwendung.

8.5.1.3 Eigenschaften der Endprodukte

Die Organisation muss sicherstellen, dass alle geltenden gesetzlichen und behördlichen Anforderungen an die Lebensmittelsicherheit für alle Endprodukte, die zur Produktion bestimmt sind, identifiziert sind.

Die Organisation muss in dem für die Durchführung der Gefahrenanalyse (siehe 8.5.2) erforderlichen Umfang dokumentierte Information zu allen Merkmalen von Endprodukten aufbewahren; dies schließt, soweit angemessen, Informationen über Folgendes ein:

a) Produktname oder ähnliche Bezeichnung;
b) Zusammensetzung;
c) biologische, chemische und physikalische Eigenschaften, die für die Lebensmittelsicherheit relevant sind;
d) vorgesehene Haltbarkeit und Lagerungsbedingungen;
e) Verpackung;
f) die Lebensmittelsicherheit betreffende Kennzeichnung und/oder Anweisungen für die Handhabung, Zubereitung und bestimmungsgemäße Verwendung;
g) Vertriebs- und Lieferverfahren.

Anhang B Wichtige Zitate aus Gesetzen, Verordnungen und Bekanntmachungen

B.1 Verordnung (EG) Nr. 178/2002

Im Folgenden wird zitiert aus der konsolidierten Fassung vom 01.07.2022 der Verordnung (EG) Nr. 178/2002 des Europäischen Parlaments und des Rates vom 28.01.2002 zur Festlegung der allgemeinen Grundsätze und Anforderungen des Lebensmittelrechts, zur Errichtung der Europäischen Behörde für Lebensmittelsicherheit und zur Festlegung von Verfahren zur Lebensmittelsicherheit [3].

Artikel 14

Anforderungen an die Lebensmittelsicherheit

(1) Lebensmittel, die nicht sicher sind, dürfen nicht in Verkehr gebracht werden.

(2) Lebensmittel gelten als nicht sicher, wenn davon auszugehen ist, dass sie

a) gesundheitsschädlich sind,

b) für den Verzehr durch den Menschen ungeeignet sind.

(3) Bei der Entscheidung der Frage, ob ein Lebensmittel sicher ist oder nicht, sind zu berücksichtigen:

a) die normalen Bedingungen seiner Verwendung durch den Verbraucher und auf allen Produktions-, Verarbeitungs- und Vertriebsstufen sowie

b) die dem Verbraucher vermittelten Informationen einschließlich der Angaben auf dem Etikett oder sonstige ihm normalerweise zugängliche Informationen über die Vermeidung bestimmter die Gesundheit beeinträchtigender Wirkungen eines bestimmten Lebensmittels oder einer bestimmten Lebensmittelkategorie.

(4) Bei der Entscheidung der Frage, ob ein Lebensmittel gesundheitsschädlich ist, sind zu berücksichtigen

a) die wahrscheinlichen sofortigen und/oder kurzfristigen und/oder langfristigen Auswirkungen des Lebensmittels nicht nur auf die Gesundheit des Verbrauchers, sondern auch auf nachfolgende Generationen,

b) die wahrscheinlichen kumulativen toxischen Auswirkungen,

c) die besondere gesundheitliche Empfindlichkeit einer bestimmten Verbrauchergruppe, falls das Lebensmittel für diese Gruppe von Verbrauchern bestimmt ist.

(5) Bei der Entscheidung der Frage, ob ein Lebensmittel für den Verzehr durch den Menschen ungeeignet ist, ist zu berücksichtigen, ob das Lebensmittel infolge einer durch Fremdstoffe oder auf andere Weise bewirkten Kontamination, durch Fäulnis, Verderb oder Zersetzung ausgehend von dem beabsichtigten Verwendungszweck nicht für den Verzehr durch den Menschen inakzeptabel geworden ist.

(6) Gehört ein nicht sicheres Lebensmittel zu einer Charge, einem Posten oder einer Lieferung von Lebensmitteln der gleichen Klasse oder Beschreibung, so ist davon auszugehen, dass sämtliche Lebensmittel in dieser Charge, diesem Posten oder dieser Lieferung ebenfalls nicht sicher sind, es sei denn, bei einer eingehenden Prüfung wird kein Nachweis dafür gefunden, dass der Rest der Charge, des Postens oder der Lieferung nicht sicher ist.

(7) Lebensmittel, die spezifischen Bestimmungen der Gemeinschaft zur Lebensmittelsicherheit entsprechen, gelten hinsichtlich der durch diese Bestimmungen abgedeckten Aspekte als sicher.

(8) Entspricht ein Lebensmittel den für es geltenden spezifischen Bestimmungen, so hindert dies die zuständigen Behörden nicht, geeignete Maßnahmen zu treffen, um Beschränkungen für das Inverkehrbringen dieses Lebensmittels zu verfügen oder seine Rücknahme vom Markt zu verlangen, wenn, obwohl es den genannten Bestimmungen entspricht, da der begründete Verdacht besteht, dass es nicht sicher ist.

(9) Fehlen spezifische Bestimmungen der Gemeinschaft, so gelten Lebensmittel als sicher, wenn sie mit den entsprechenden Bestimmungen des nationalen Lebensmittelrechts des Mitgliedstaats, in dessen Hoheitsgebiet sie vermarktet werden, in Einklang stehen, sofern diese Bestimmungen unbeschadet des Vertrags, insbesondere der Artikel 28 und 30, erlassen und angewandt werden.

Artikel 17

Zuständigkeiten

(1) Die Lebensmittel- und Futtermittelunternehmer sorgen auf allen Produktions-, Verarbeitungs- und Vertriebsstufen in den ihrer Kontrolle unterstehenden Unternehmen dafür, dass die Lebensmittel oder Futtermittel die Anforderungen des Lebensmittelrechts erfüllen, die für ihre Tätigkeit gelten, und überprüfen die Einhaltung dieser Anforderungen.

B.2 Verordnung (EG) Nr. 852/2004

Die folgenden Zitate sind entnommen dem Anhang II „Allgemeine Hygienevorschriften für alle Lebensmittelunternehmer" der konsolidierten Fassung vom 24.04.2021 der Verordnung (EG) Nr. 852/2004 des Europäischen Parlaments und des Rates vom 29.04.2004 über Lebensmittelhygiene, zuletzt geändert durch Verordnung (EU) 2021/382 der Kommission vom 03.03.2021 zur Änderung der Anhänge der Verordnung (EG) Nr. 852/2004 des Europäischen Parlaments und des Rates über Lebensmittelhygiene hinsichtlich des Allergenmanagements im Lebensmittelbereich, der Umverteilung von Lebensmitteln und der Lebensmittelsicherheitskultur [7] [6].

KAPITEL XIa

Lebensmittelsicherheitskultur

1. Die Lebensmittelunternehmer müssen eine angemessene Lebensmittelsicherheitskultur einführen, aufrechterhalten und nachweisen, indem sie folgende Anforderungen erfüllen:
   a) Verpflichtung der Betriebsleitung im Einklang mit Nummer 2 sowie aller Beschäftigten zur sicheren Produktion und Verteilung von Lebensmitteln;
   b) Führungsrolle bei der Produktion sicherer Lebensmittel und der Einbeziehung aller Beschäftigten in die Verfahren zur Gewährleistung der Lebensmittelsicherheit;
   c) Sensibilisierung aller Beschäftigten des Unternehmens für Gefahren für die Lebensmittelsicherheit und für die Bedeutung der Lebensmittelsicherheit und -hygiene;

   d) offene und klare Kommunikation zwischen allen Beschäftigten des Unternehmens, sowohl innerhalb eines Tätigkeitsbereiches als auch zwischen hintereinandergeschalteten Tätigkeitsbereichen, einschließlich der Mitteilung von Abweichungen und Erwartungen;
   e) Verfügbarkeit ausreichender Ressourcen zur Gewährleistung eines sicheren und hygienischen Umgangs mit Lebensmitteln.
2. Die Betriebsleitung verpflichtet sich unter anderem zu Folgendem:
   a) sicherzustellen, dass die Aufgaben und Zuständigkeiten innerhalb jedes Tätigkeitsbereichs des Lebensmittelunternehmens klar kommuniziert werden;
   b) die Integrität des Lebensmittelhygienesystems bei der Planung und Umsetzung von Änderungen zu wahren;
   c) sich zu vergewissern, dass Kontrollen rechtzeitig und effizient durchgeführt werden und die Dokumentation auf dem neuesten Stand ist;
   d) sicherzustellen, dass das Personal angemessen geschult und beaufsichtigt wird;
   e) zu gewährleisten, dass die einschlägigen regulatorischen Anforderungen erfüllt werden;
   f) eine kontinuierliche Verbesserung des Managementsystems des Unternehmens für die Lebensmittelsicherheit zu fördern, gegebenenfalls unter Berücksichtigung der Entwicklungen in den Bereichen Wissenschaft, Technologie und bewährte Verfahren.
3. Bei der Umsetzung der Lebensmittelsicherheitskultur sind Art und Größe des Lebensmittelunternehmens zu berücksichtigen.

KAPITEL XII

Schulung

Lebensmittelunternehmer haben zu gewährleisten, dass

1. Betriebsangestellte, die mit Lebensmitteln umgehen, entsprechend ihrer Tätigkeit überwacht und in Fragen der Lebensmittelhygiene unterwiesen und/oder geschult werden,
2. die Personen, die für die Entwicklung und Anwendung des Verfahrens nach Artikel 5 Absatz 1 der vorliegenden Verordnung oder für die Umsetzung einschlägiger Leitfäden zuständig sind, in allen Fragen der Anwendung der HACCP-Grundsätze angemessen geschult werden

   und
3. alle Anforderungen der einzelstaatlichen Rechtsvorschriften über Schulungsprogramme für die Beschäftigten bestimmter Lebensmittelsektoren eingehalten werden.

B.3 Lebensmittelhygiene-Verordnung

Im Folgenden wird zitiert aus der Verordnung über Anforderungen an die Hygiene beim Herstellen, Behandeln und Inverkehrbringen von Lebensmitteln (Lebensmittelhygiene-Verordnung – LMHV) in der Fassung der Bekanntmachung vom 21.06.2016 (BGBl. I S. 1469), die zuletzt durch Artikel 3 der Verordnung vom 20.06.2023 (BGBl. 2023 I Nr. 159) geändert worden ist [11].

§ 4 Schulung

(1) Leicht verderbliche Lebensmittel dürfen nur von Personen hergestellt, behandelt oder in den Verkehr gebracht werden, die auf Grund einer Schulung nach Anhang II Kapitel XII Nummer 1 der Verordnung (EG) Nr. 852/2004 über ihrer jeweiligen Tätigkeit entsprechende Fachkenntnisse auf den in Anlage 1 genannten Sachgebieten verfügen. Die Fachkenntnisse nach Satz 1 sind auf Verlangen der zuständigen Behörde nachzuweisen. Satz 1 gilt nicht, soweit ausschließlich verpackte Lebensmittel gewogen, gemessen, gestempelt, bedruckt oder in den Verkehr gebracht werden. Satz 1 gilt nicht für die Primärproduktion und die Abgabe kleiner Mengen von Primärerzeugnissen nach § 5.

(2) Bei Personen, die eine wissenschaftliche Ausbildung oder eine Berufsausbildung abgeschlossen haben, in der Kenntnisse und Fertigkeiten auf dem Gebiet des Verkehrs mit Lebensmitteln einschließlich der Lebensmittelhygiene vermittelt werden, wird vermutet, dass sie für eine der jeweiligen Ausbildung entsprechende Tätigkeit

1. nach Anhang II Kapitel XII Nummer 1 der Verordnung (EG) Nr. 852/2004 in Fragen der Lebensmittelhygiene geschult sind und
2. über nach Absatz 1 erforderliche Fachkenntnisse verfügen.

Anlage 1 (zu § 4 Absatz 1 Satz 1)

Anforderungen an Fachkenntnisse in der Lebensmittelhygiene

1. Eigenschaften und Zusammensetzung des jeweiligen Lebensmittels
2. Hygienische Anforderungen an die Herstellung und Verarbeitung des jeweiligen Lebensmittels
3. Lebensmittelrecht
4. Warenkontrolle, Haltbarkeitsprüfung und Kennzeichnung
5. Betriebliche Eigenkontrollen und Rückverfolgbarkeit
6. Havarieplan, Krisenmanagement
7. Hygienische Behandlung des jeweiligen Lebensmittels
8. Anforderungen an Kühlung und Lagerung des jeweiligen Lebensmittels
9. Vermeidung einer nachteiligen Beeinflussung des jeweiligen Lebensmittels beim Umgang mit Lebensmittelabfällen, ungenießbaren Nebenerzeugnissen und anderen Abfällen
10. Reinigung und Desinfektion

B.4 Infektionsschutzgesetz

Im Folgenden werden zwei Paragrafen zitiert aus dem 8. Abschnitt „Gesundheitliche Anforderungen an das Personal beim Umgang mit Lebensmitteln" des Gesetzes zur Verhütung und Bekämpfung von Infektionskrankheiten beim Menschen (Infektionsschutzgesetz – IfSG) vom 20.07.2000 (BGBl. I S. 1045), das zuletzt durch Artikel 8v des Gesetzes vom 12.12.2023 (BGBl. 2023 I Nr. 359) geändert worden ist [13].

§ 42 Tätigkeits- und Beschäftigungsverbote

(1) Personen, die

1. an Typhus abdominalis, Paratyphus, Cholera, Shigellenruhr, Salmonellose, einer anderen infektiösen Gastroenteritis oder Virushepatitis A oder E erkrankt oder dessen verdächtig sind,
2. an infizierten Wunden oder an Hautkrankheiten erkrankt sind, bei denen die Möglichkeit besteht, dass deren Krankheitserreger über Lebensmittel übertragen werden können,
3. die Krankheitserreger Shigellen, Salmonellen, enterohämorrhagische Escherichia coli oder Choleravibrionen ausscheiden,

dürfen nicht tätig sein oder beschäftigt werden

a) beim Herstellen, Behandeln oder Inverkehrbringen der in Absatz 2 genannten Lebensmittel, wenn sie dabei mit diesen in Berührung kommen, oder
b) in Küchen von Gaststätten und sonstigen Einrichtungen mit oder zur Gemeinschaftsverpflegung.

Satz 1 gilt entsprechend für Personen, die mit Bedarfsgegenständen, die für die dort genannten Tätigkeiten verwendet werden, so in Berührung kommen, dass eine Übertragung von Krankheitserregern auf die Lebensmittel im Sinne des Absatzes 2 zu befürchten ist. Die Sätze 1 und 2 gelten nicht für den privaten hauswirtschaftlichen Bereich.

(2) Lebensmittel im Sinne des Absatzes 1 sind

1. Fleisch, Geflügelfleisch und Erzeugnisse daraus
2. Milch und Erzeugnisse auf Milchbasis
3. Fische, Krebse oder Weichtiere und Erzeugnisse daraus
4. Eiprodukte
5. Säuglings- und Kleinkindernahrung
6. Speiseeis und Speiseeishalberzeugnisse
7. Backwaren mit nicht durchgebackener oder durcherhitzter Füllung oder Auflage
8. Feinkost-, Rohkost- und Kartoffelsalate, Marinaden, Mayonnaisen, andere emulgierte Soßen, Nahrungshefen
9. Sprossen und Keimlinge zum Rohverzehr sowie Samen zur Herstellung von Sprossen und Keimlingen zum Rohverzehr.

10. Personen, die in amtlicher Eigenschaft, auch im Rahmen ihrer Ausbildung, mit den in Absatz 2 bezeichneten Lebensmitteln oder mit Bedarfsgegenständen im Sinne des Absatzes 1 Satz 2 in Berührung kommen, dürfen ihre Tätigkeit nicht ausüben, wenn sie an einer der in Absatz 1 Nr. 1 genannten Krankheiten erkrankt oder dessen verdächtig sind, an einer der in Absatz 1 Nr. 2 genannten Krankheiten erkrankt sind oder die in Absatz 1 Nr. 3 genannten Krankheitserreger ausscheiden.
11. Das Gesundheitsamt kann Ausnahmen von den Verboten nach dieser Vorschrift zulassen, wenn Maßnahmen durchgeführt werden, mit denen eine Übertragung der aufgeführten Erkrankungen und Krankheitserreger verhütet werden kann.
12. Das Bundesministerium für Gesundheit wird ermächtigt, durch Rechtsverordnung mit Zustimmung des Bundesrates den Kreis der in Absatz 1 Nr. 1 und 2 genannten Krankheiten, der in Absatz 1 Nr. 3 genannten Krankheitserreger und der in Absatz 2 genannten Lebensmittel einzuschränken, wenn epidemiologische Erkenntnisse dies zulassen, oder zu erweitern, wenn dies zum Schutz der menschlichen Gesundheit vor einer Gefährdung durch Krankheitserreger erforderlich ist. In dringenden Fällen kann zum Schutz der Bevölkerung die Rechtsverordnung ohne Zustimmung des Bundesrates erlassen werden. Eine auf der Grundlage des Satzes 2 erlassene Verordnung tritt ein Jahr nach ihrem Inkrafttreten außer Kraft; ihre Geltungsdauer kann mit Zustimmung des Bundesrates verlängert werden.

§ 43 Belehrung, Bescheinigung des Gesundheitsamtes

(1) Personen dürfen gewerbsmäßig die in § 42 Abs. 1 bezeichneten Tätigkeiten erstmalig nur dann ausüben und mit diesen Tätigkeiten erstmalig nur dann beschäftigt werden, wenn durch eine nicht mehr als drei Monate alte Bescheinigung des Gesundheitsamtes oder eines vom Gesundheitsamt beauftragten Arztes nachgewiesen ist, dass sie

1. über die in § 42 Abs. 1 genannten Tätigkeitsverbote und über die Verpflichtungen nach den Absätzen 2, 4 und 5 vom Gesundheitsamt oder von einem durch das Gesundheitsamt beauftragten Arzt belehrt wurden und
2. nach der Belehrung im Sinne der Nummer 1 in Textform erklärt haben, dass ihnen keine Tatsachen für ein Tätigkeitsverbot bei ihnen bekannt sind.

Liegen Anhaltspunkte vor, dass bei einer Person Hinderungsgründe nach § 42 Abs. 1 bestehen, so darf die Bescheinigung erst ausgestellt werden, wenn durch ein ärztliches Zeugnis nachgewiesen ist, dass Hinderungsgründe nicht oder nicht mehr bestehen.

(2) Treten bei Personen nach Aufnahme ihrer Tätigkeit Hinderungsgründe nach § 42 Abs. 1 auf, sind sie verpflichtet, dies ihrem Arbeitgeber oder Dienstherrn unverzüglich mitzuteilen.

(3) Werden dem Arbeitgeber oder Dienstherrn Anhaltspunkte oder Tatsachen bekannt, die ein Tätigkeitsverbot nach § 42 Abs. 1 begründen, so hat dieser unverzüglich die zur Verhinderung der Weiterverbreitung der Krankheitserreger erforderlichen Maßnahmen einzuleiten.

(4) Der Arbeitgeber hat Personen, die eine der in § 42 Abs. 1 Satz 1 oder 2 genannten Tätigkeiten ausüben, nach Aufnahme ihrer Tätigkeit und im Weiteren alle zwei Jahre über die in § 42 Abs. 1 genannten Tätigkeitsverbote und über die Verpflichtung nach Absatz 2 zu belehren. Die Teilnahme an der Belehrung ist zu dokumentieren. Die Sätze 1 und 2 finden für Dienstherren entsprechende Anwendung.

(5) Die Bescheinigung nach Absatz 1 und die letzte Dokumentation der Belehrung nach Absatz 4 sind beim Arbeitgeber aufzubewahren. Der Arbeitgeber hat die Nachweise nach Satz 1 und, sofern er eine in § 42 Abs. 1 bezeichnete Tätigkeit selbst ausübt, die ihn betreffende Bescheinigung nach Absatz 1 Satz 1 an der Betriebsstätte verfügbar zu halten und der zuständigen Behörde und ihren Beauftragten auf Verlangen vorzulegen. Bei Tätigkeiten an wechselnden Standorten genügt die Vorlage einer beglaubigten Abschrift oder einer beglaubigten Kopie.

(6) Im Falle der Geschäftsunfähigkeit oder der beschränkten Geschäftsfähigkeit treffen die Verpflichtungen nach Absatz 1 Satz 1 Nr. 2 und Absatz 2 denjenigen, dem die Sorge für die Person zusteht. Die gleiche Verpflichtung trifft auch den Betreuer, soweit die Sorge für die Person zu seinem Aufgabenkreis gehört. Die den Arbeitgeber oder Dienstherrn betreffenden Verpflichtungen nach dieser Vorschrift gelten entsprechend für Personen, die die in § 42 Abs. 1 genannten Tätigkeiten selbständig ausüben.

(7) Das Bundesministerium für Gesundheit wird ermächtigt, durch Rechtsverordnung mit Zustimmung des Bundesrates Untersuchungen und weitergehende Anforderungen vorzuschreiben oder Anforderungen einzuschränken, wenn Rechtsakte der Europäischen Union dies erfordern.

B.5 Bekanntmachung der Europäischen Kommission zur Umsetzung von Managementsystemen für Lebensmittelsicherheit

Die folgenden Zitate sind entnommen der Bekanntmachung der Kommission zur Umsetzung von Managementsystemen für Lebensmittelsicherheit unter Berücksichtigung von guter Hygienepraxis und auf die auf HACCP-Grundsätze gestützten Verfahren einschließlich Vereinfachung und Flexibilisierung bei der Umsetzung in bestimmten Lebensmittelunternehmen 2022/C 355/01 vom 16.09.2022 [15].

5 ZUSAMMENSPIEL ZWISCHEN FSMS, PRP, GHP, OPRP UND HACCP UND MIT ANDEREN INTERNATIONALEN NORMEN

[...]

- Im Rahmen der ISO 22000 wurden im Jahr 2005 oPRPs eingeführt, mit denen diese Lücke geschlossen werden sollten. Es handelt sich dabei um Kontrollmaßnahmen, die durchgeführt werden, um eine signifikante Gefahr für die Lebensmittelsicherheit zu vermeiden oder auf ein akzeptables Maß zu reduzieren. Sie werden bei der Gefahrenanalyse als wichtig bestimmt, um bestimmte signifikante Gefahren zu beherrschen.

Typische Beispiele von GHP und/oder oPRPs sind:

- der Reinigung von Ausrüstung und Oberflächen, die mit verzehrfertigen Lebensmitteln in Kontakt kommen, sollte größere Aufmerksamkeit gewidmet werden als anderen Bereichen wie der Reinigung von Wänden und Decken, da der Kontakt von Lebensmitteln mit Oberflächen, die nicht ordnungsgemäß gereinigt sind, eine unmittelbare Kontamination der Lebensmittel mit Listeria monocytogenes nach sich ziehen kann;
- eine gründlichere Reinigung und Desinfektion und strengere Hygieneanforderungen an das Personal (z. B. Mundmasken und zusätzlicher Schutz des Personals) in stark gefährdeten Bereichen, beispielsweise in Bereichen, in denen verzehrfertige Lebensmittel verpackt werden;
- Kontrolle der Verpackung von Dosenkonserven auf Sauberkeit und Beschädigungen;
- strengere Eingangsprüfung bei der Annahme von Rohmaterial, wenn der Lieferant nicht das gewünschte Qualitäts-/Sicherheitsniveau garantiert (z. B. Mykotoxine in Gewürzen);

- effiziente Zwischenreinigung, um eine Kreuzkontamination zwischen Produktionschargen zu kontrollieren, die verschiedene Allergene enthalten (Nüsse, Soja, Milch, ...). Die Gesundheitsauswirkungen sind besonders schwer und das Risiko der Abweichung (Auftreten von Kreuzkontamination) kann erheblich sein, ein Monitoring in Echtzeit ist jedoch unmöglich. Siehe auch Abschnitt 3.7. von Anhang I;
- die Erwägung der bakteriologischen Qualität von Bewässerungswasser als Kontrollpunkte kann insbesondere für verzehrfertige Kulturpflanzen angemessen sein;
- Steuerung des Waschvorgangs bei Gemüse (z. B. durch die Häufigkeit des Austausches des Waschwassers zur Verhütung mikrobiologischer Kreuzkontaminationen und mechanische Bewegung des Wassers zur Beseitigung physikalischer Agenzien wie Steine oder Holzstücke);
- Steuerung des Blanchiervorgangs in der Tiefkühlindustrie (Dauer/Temperatur); der Vorgang des Waschens bzw. des Blanchierens kann in der Regel nicht als CCP eingestuft werden, weil damit die signifikanten mikrobiologischen Gefahren weder ganz ausgeschaltet noch auf ein akzeptables Maß reduziert werden können und sollen; diese Vorgänge wirken sich aber auf die mikrobiologische Belastung der verarbeiteten Erzeugnisse aus und tragen in Kombination mit anderen Kontrollmaßnahmen dazu bei, signifikante Gefahren auszuschalten oder auf ein akzeptables Maß zu reduzieren.

In der EU wird der Gefahrenanalyse eine zentrale Bedeutung zugemessen und für die Feststellung der unterschiedlichen Risikoniveaus als wesentlich erachtet, z. B. wenn die GHP ausreichend ist oder wenn mittlere Gefahren und/oder Risiken des Auftretens signifikanter Gefahren jeweils durch oPRPs und/oder CCPs berücksichtigt werden müssen. Da eine GHP, die einer größeren Aufmerksamkeit bedarf, bei einer Gefahrenanalyse nach den Grundsätzen für die Lebensmittelhygiene des Codex Alimentarius nicht notwendigerweise festgestellt wird, aber oPRPs in der ISO 22000 vorgesehen sind, wird im vorliegenden Dokument auf die oPRPs Bezug genommen.

8 SCHULUNGEN

Die Mitarbeiter von FBOs sollten beaufsichtigt und in Fragen der Lebensmittelhygiene ihrer Funktion entsprechend unterwiesen und/oder geschult werden, und die Personen, die für die Entwicklung und Anwendung des FSMS zuständig sind, sollten in Bezug auf die Anwendung von GHP, anderen PRPs und HACCP-gestützten Verfahren angemessen geschult werden.

Die Betriebsleitung hat zu gewährleisten, dass die Mitarbeiter, die an den relevanten Verfahren beteiligt sind, ausreichende Fähigkeiten nachweisen können und die (gegebenenfalls) ermittelten Gefahren sowie die kritischen Punkte bei Herstellung, Lagerung, Transport und/oder Vertrieb kennen. Des Weiteren müssen sie gemäß Anhang II Kapitel XII der Verordnung (EG) Nr. 852/2004 über Lebensmittelhygiene die einschlägigen Korrekturmaßnahmen, Präventionsmaßnahmen, Monitoring- und Aufzeichnungsverfahren kennen.

Hierbei sollte zwischen Hygieneschulungen im Allgemeinen (für alle Mitarbeiter) und spezifischen HACCP-Schulungen unterschieden werden. Die Mitarbeiter, die mit CCPs befasst sind bzw. diese überwachen oder verifizieren, sollten in den HACCP-gestützten Verfahren geschult werden, die ihren Aufgaben entsprechen (eine Servicekraft benötigt beispielsweise eine Hygieneschulung, ein Koch dagegen ist zusätzlich in der hygienischen Zubereitung von Lebensmitteln zu schulen). Ob und wie oft Auffrischungsschulungen benötigt werden, sollte je nach betriebsinternem Bedarf und den nachgewiesenen Fähigkeiten entschieden werden.

Die Interessenverbände der einzelnen Sektoren der Lebensmittelindustrie sollten sich bemühen, Informationen über Schulungen für die Lebensmittelunternehmer zusammenzustellen.

Schulungen gemäß Anhang II Kapitel XII der Verordnung (EG) Nr. 852/2004 über Lebensmittelhygiene sind in einem breiteren Kontext zu betrachten. In einem solchen Kontext setzt eine geeignete Schulung nicht zwangsläufig die Teilnahme an formalen Schulungsveranstaltungen voraus. Fähigkeiten und Kenntnisse können auch über den Zugang zu Fachinformationen und im Wege der Beratung durch Berufsverbände oder die zuständigen Behörden, durch eine geeignete Schulung am Arbeitsplatz/innerbetriebliche Schulung, Leitfäden für eine gute Verfahrenspraxis usw. erworben werden.

Schulungen der Mitarbeiter von Lebensmittelunternehmen in den Bereichen GHP, andere PRPs und HACCP sollten der Größe und der Art des Unternehmens angemessen sein und die spezifischen Risiken im Zusammenhang mit der Art der Tätigkeit berücksichtigen.

Mit der Einführung der (verpflichtenden) Anforderung einer Lebensmittelsicherheitskultur in der Verordnung (EG) Nr. 852/2004 über Lebensmittelhygiene im März 2021 wurde den Schulungen eine größere Bedeutung beigemessen. Die Schulungen sind häufig das wichtigste Instrument, um eine gute Lebensmittelsicherheitskultur zu schaffen oder um als Korrekturmaßnahme zu dienen, wenn bei der Bewertung des Entwicklungsstandes der Lebensmittelsicherheitskultur Mängel festgestellt wurden (siehe Anhang I, Abschnitt 4.14).

Wo dies notwendig ist, kann die zuständige Behörde bei der Ausarbeitung der in den vorstehenden Absätzen beschriebenen Schulungsmaßnahmen helfen, insbesondere in jenen Sektoren, die weniger gut organisiert sind oder in denen ein Informationsdefizit besteht. Wie eine solche Hilfestellung aussehen kann, ist ausführlich in dem Dokument „FAO/WHO guidance to governments on the application of HACCP in small and/or less-developed food businesses“ (Leitfaden der FAO/WHO für Regierungen über die Anwendung von HACCP in kleinen und/oder weniger entwickelten Lebensmittelunternehmen) dargelegt.

Anhang C Informationen zu Schulungen

C.1 Glossar zum Themenfeld Schulung

Nachfolgend werden verschiedene Begrifflichkeiten voneinander abgegrenzt und erklärt:

Begriff	Erklärung
Ausbildung	Die **Berufsausbildung** ist in vielen Arbeitsbereichen die Grundvoraussetzung (Berechtigung) für die Ausübung einer Tätigkeit. Neben der Ausbildung im eigentlichen Beruf kommen **Ausbildungen zu Nebentätigkeiten** infrage. So sind z. B. Unfallvertrauenspersonen im Zuge der Unfallverhütung und Erstmaßnahmen im Schadensfall zunächst auszubilden. Auch für das Qualitätsmanagement (QM) sind Beschäftigte grundsätzlich auszubilden, wenn sie diese Qualifikation nicht schon aus der Berufsausbildung mitbringen. Ausbildungen enden in der Regel mit einem qualifizierten Abschluss (mit und ohne Prüfung). Die Ausbildung ist die Grundlage für qualifiziertes Arbeiten. Sie ist häufig auch erster Bewertungsmaßstab für die Einordnung der Vergütung eines Arbeitsverhältnisses.
Schulung	Es gibt vielfältige Gebiete, in denen man sich und seine Betriebsangehörigen schulen muss oder kann. Dazu gehören z. B. Angebote zur Schulung von Personalvertretungen, zur Ausübung spezieller Funktionen im Betrieb (Kontrollpersonal, Arbeitsplatzbewertung usw.), zum Erlernen von Erster Hilfe, des Umgangs mit Schadensfällen oder mit Unfällen mit Gefahrgut etc. Die Nachweise erforderlicher Schulungen sind Teil der Grundlagen für die Bewertung, ob der Unternehmer alle ihm auferlegten Pflichten zur Gewährleistung der Lebensmittelsicherheit erfüllt.
Hygieneschulung	Die Hygieneschulung ist die Maßnahme, die nach der EU-Verordnung 852/2004 „Lebensmittelhygiene“, Anlage II Kapitel XII, vorgeschrieben und mit der Lebensmittelhygiene-Verordnung in § 4 ergänzend bestimmt ist.

Begriff	Erklärung
	Die Inhalte zur Hygieneschulung ergeben sich insgesamt – aus den Sachgebieten der Basishygiene und – für die erforderlichen Fachkenntnisse aus der Anlage 1 zur LMHV § 4 Absatz 2 sowie – aus dem Bedarf, den der Unternehmer im Zuge seines Lebensmittelsicherheitskonzeptes ermittelt und festlegt. Die Durchführung ist verpflichtend, die Inhalte sind bedarfsgerecht zu bestimmen. Die regelmäßige Schulung der Mitarbeiter gewährleistet, dass die Vorgaben des Hygienemanagements auch bekannt und bewusst sind und in der täglichen Arbeit befolgt werden. Für die Praxis bedeutet das, einen fortlaufenden Prozess aus Hygieneschulungen, Erfolgskontrollen durch Aufsicht, betrieblichen Eigenkontrollen mit Auswertungen, erforderlichen Mängelansprachen und Nachschulungen zu etablieren.
Fort- und Weiterbildung	Auf Fort- und Weiterbildung haben Mitarbeitende grundsätzlich ein Recht und auch Unternehmer sollten ein Interesse daran haben, ihre Beschäftigten fortzubilden. **Fortbildung** bedeutet eher, das erworbene Wissen immer wieder zu aktualisieren. Das kann durch verschiedene Maßnahmen erfolgen. Geeignet sind z. B. externe Seminare, Messebesuche, Fachliteratur. Beispielsweise können Arbeitnehmer aus dem Bereich der Produktion in einer besonderen Fortbildungsmaßnahme im Betrieb zur Optimierung ihrer Tätigkeit geschult werden. Schulungen können demnach Maßnahmen der Fortbildung sein. **Weiterbildung** umschreibt dagegen die Vertiefung eines Wissensgebietes oder einer Fähigkeit durch weiterführende Ausbildung bzw. Spezialisierung. Zur Weiterentwicklung von Produkten (z. B. in Versuchslaboren, Probeküchen) muss das Personal die dazu erforderliche Weiterbildung erhalten. Beim Wechsel der Produktionsverfahren ist ebenfalls eine Weiterbildungsmaßnahme erforderlich, die sich für Köche und andere Mitarbeitende in unterschiedlichem Umfang ergibt.

Begriff	Erklärung
	Grundsätzlich sollten alle Mitarbeitenden in einem Fort- und Weiterbildungsplan erfasst werden und an entsprechenden Maßnahmen teilnehmen können.
Belehrung	Dieser Begriff kommt aus dem IfSG und umfasst die Vermittlung der gesetzlichen Vorgaben der Paragrafen 42 und43 sowie die aktenkundige Verpflichtung des eigenen Personals, dass es über diese Inhalte und die dazugehörige Meldepflicht und das Arbeitsverbot belehrt worden ist. Die Belehrung ist damit die Grundlage für eine rechtliche Ahndung von Verstößen gegen das Infektionsschutzgesetz. Lediglich das Beschäftigungsverbot richtet sich an den Lebensmittelunternehmer selbst. Die **Erstbelehrung** erfolgt vor erster Arbeitsaufnahme durch den Amtsarzt des Gesundheitsamtes und gilt lebenslang. Die **Folgebelehrungen** erfolgen durch den Unternehmer alle zwei Jahre.
Unterweisung	Dieser Begriff kommt aus dem Arbeitsschutzrecht. Mit Arbeitsschutzunterweisungen bzw. Sicherheitseinweisungen vermitteln die Unternehmer ihren Beschäftigten Informationen und Anleitungen in ihrem Betrieb, bezogen auf ihre jeweiligen Arbeitsplätze und Tätigkeiten. Es sollen zugeschnittene Informationen, Erläuterungen und Anweisungen sein, damit die Beschäftigten Gefährdungen erkennen und sich sicherheits- und gesundheitsgerecht verhalten können. Die Verpflichtung des Lebensmittelunternehmers zur Durchführung ergibt sich einerseits aus dem Arbeitsschutzrecht (ArbSchG §§ 12 und 14), andererseits aus nachgeordneten Verordnungen, Unfallverhütungsvorschriften der Unfallversicherungsträger und dem Regelwerk der Berufsgenossenschaften. Weiterhin geben Betriebsanweisungen, z. B. zum sicheren Umgang mit den im Betrieb vorhandenen und zu benutzenden Gefahrstoffen und Bioziden, praktische Anleitung, da sie in kurzer und prägnanter Form Sicherheits- und Gesundheitsgefährdungen mit vorgesehenen Maßnahmen verknüpft aufführen.

Begriff	Erklärung
	Ein weiteres Themengebiet für Unterweisungen ist die sichere Handhabung von Maschinen, die bei nicht sachgerechter Bedienung gesundheitsgefährdend sein können. Dazu zählen u. a. alle Maschinen, die schneiden, rühren, quirlen, und der Umgang mit Hitze und Kälte (z. B. Herd, Kombidämpfer, Kühlhäuser, Kälteschutz (auch bei Arbeit in kalten Räumen). Die Unterweisung ist u. a. die Grundlage für die Bewertung, wer bei einem Schadensereignis für eine Gesundheitsgefährdung verantwortlich ist. **Erstunterweisung** erfolgt beim Arbeitsantritt bzw. der Einstellung in das Unternehmen oder jedem Wechsel des Arbeitsplatzes. **Folgeunterweisungen** erfolgen bei jeder Änderung am Arbeitsplatz und einmal jährlich sowie bei Bedarf z. B. nach Mängelfeststellung oder Schadensereignissen.
Einweisung	Dieser Begriff kommt im Hygienerecht vor. Art und Inhalt der Einweisung hängen von den Produktionsverfahren ab. Alle Mitarbeitenden sollen in die bestehenden allgemeinen Hygieneregeln des Betriebes (Hygienemanagement, Verfahrensanweisungen zu PRP) eingewiesen werden. Wichtige Aspekte sind z. B. Arbeitsbekleidung (was wird wann und wo getragen bzw. gewechselt), Personalhygiene, speziell Händehygiene und die Einweisung in Hygieneschleusen usw.). Diese grundlegende Einweisung wird erweitert um spezielle Vorgaben für den individuellen Arbeitsplatz (GHP, GMP, Produktionsverfahren, -anweisungen, Hygienepläne, Reinigungs- und Desinfektionsmaßnahmen inkl. Biozid-Einweisung zum Umgang mit diesen Mitteln) sowie mit Anweisungen zu besonderen Schutzmaßnahmen wie dem Tragen von Handschuhen, Mundschutz, Schürzen etc., in die das Personal eingewiesen werden soll. Damit sind die Einweisungen die Grundlage für korrektes Verhalten und Arbeiten im Betrieb aus Sicht der Lebensmittelhygiene und dienen der Umsetzung der Vorgaben für die qualitätssichernden Maßnahmen in der Produktion.

Begriff	Erklärung
	Ersteinweisung erfolgt im Zuge der Arbeitsaufnahme im Betrieb und umfasst alle vorgegebenen Maßnahmen der Qualitäts- und Hygienekonzepte im Betrieb und die dazugehörigen Verhaltens- und Verfahrensanweisungen. **Folgeeinweisungen** ergeben sich aus einem Wechsel der Tätigkeit und allen relevanten Änderungen in den Vorgaben des QM-Konzeptes im Betrieb sowie bei Bedarf z. B. nach Mängelfeststellung oder Schadensereignissen.

C.2 Fundstellen für Informationen und Praxishilfen zur Hygieneschulung

Bei Fachverlagen und privatwirtschaftlichen Anbietern findet man zum Teil gute Informationen und Materialien zur Hygieneschulung. Leider werden im Internet jedoch häufig auch unseriöse Lockangebote gemacht wie z. B. „schnelle Lösung Ihrer Schulungspflicht" oder „sofort einsetzbare Komplettlösung". Hier muss jeder Lebensmittelunternehmer selbst prüfen, ob er diese Materialien kaufen und einsetzen will, denn er soll ja betriebsspezifisch schulen.

Wir Autoren beschränken uns an dieser Stelle auf die Empfehlung einiger weniger Fachquellen:

Informationen zur Lebensmittelhygiene findet man bei Wirtschaftsverbänden wie dem Deutschen Lebensmittelverband oder dem Deutschen Hotel- und Gaststättenverband sowie einzelnen Industrie- und Handelskammern.

Konkrete Informationen und Hinweise zur Lebensmittelsicherheit und zu Gefahren findet man auf den Seiten des Bundesinstituts für Risikobewertung (BfR) mit dem Suchbegriff „Lebensmittelsicherheit" sowie in den Stellungnahmen und Merkblättern des BfR zum Thema. Als Beispiel für gutes Schulungsmaterial wird im folgenden Anhang C.3 das Merkblatt „Hygieneregeln in der Gemeinschaftsgastronomie" abgedruckt.

Auch bei anderen staatlichen Einrichtungen und Behörden gibt es aktuelle Informationen zur Lebensmittelsicherheit und Hygiene, die sich für Schulungsmaßnahmen gut eignen. Stellvertretend sei hier das Max Rubner-Institut (MRI) genannt.

Konkrete Fachinformationen zum Gesundheits- und Arbeitsschutz können bei den jeweils zuständigen Unfallversicherungsträgern erfragt werden. Berufsgenossenschaften wie die Berufsgenossenschaft für Nahrungsmittel und Gaststätten (https://bgn-branchenwissen.de/) oder die Berufsgenossenschaft für Handel und Warenlogistik (https://www.bghw.de/e-magazin/rubrik-wissen) bieten ebenfalls im Internet vielfältiges Informationsmaterial und Praxishilfen zum Gesundheits- und Arbeitsschutz an.

Der Bundesverband der Lebensmittelkontrolleure Deutschlands e.V. (BVLK) hat auf seiner Internetpräsenz in der Rubrik „Service für Lebensmittelunternehmer" (https://bvlk.de/service-fuer-lebensmittelunternehmer.html) wichtige und nützliche Links zusammengestellt. Konkrete Informationen, z. B. zur Rechtsprechung und zu Gesetzesänderungen, sowie interessante Fachinformationen erscheinen vierteljährlich im Fachjournal des BVLK „Der Lebensmittelkontrolleur".

Im Anhang D.3 finden Sie ein Verzeichnis wichtiger Institutionen für die Lebensmittelsicherheit mit ihren jeweiligen Homepages.

C.3 Merkblatt „Hygieneregeln in der Gemeinschaftsgastronomie"

Mit der freundlichen Genehmigung des Bundesinstituts für Risikobewertung (BfR) drucken wir im Folgenden als Beispiel für gutes Schulungsmaterial das Merkblatt „Hygieneregeln in der Gemeinschaftsgastronomie" ab, herausgegeben von der Bundesanstalt für Landwirtschaft und Ernährung (BLE) und dem BfR. Dieses Merkblatt kann außer in deutscher Sprache auch in zwölf weiteren Sprachfassungen auf folgender Internetseite des BfR heruntergeladen werden: https://www.bfr.bund.de/de/publikation/merkblaetter_fuer_weitere_berufsgruppen-61521.html.
Hinweis: Es können sich Aktualisierungen dieses Merkblatts ergeben.

INFORMATION

Hygieneregeln in der Gemeinschaftsgastronomie

Jedes Jahr werden in Deutschland etwa 100.000 Erkrankungen gemeldet, die durch das Vorkommen von Mikroorganismen, insbesondere Bakterien, Viren oder Parasiten, in Lebensmitteln verursacht worden sein können. Die Dunkelziffer liegt nach Expertenschätzung sehr viel höher. Wer Essen für Dritte produziert, trägt ein hohes Maß an Verantwortung. Die Speisen müssen gesundheitlich unbedenklich und qualitativ einwandfrei sein. Damit das gelingt, ist es wichtig, dass das gesamte Küchenteam beim täglichen Arbeiten in der Küche auf Sauberkeit und Hygiene achtet. Das gilt für die persönliche Körper- und Händehygiene, für den sachgerechten Umgang mit den Lebensmitteln und die Sauberkeit in der Küche und im gesamten Betrieb. Auf welche Dinge es in der täglichen Küchenpraxis ankommt, darüber informieren kurz und knapp die folgenden Hygieneregeln für Beschäftigte in der Gemeinschaftsgastronomie.

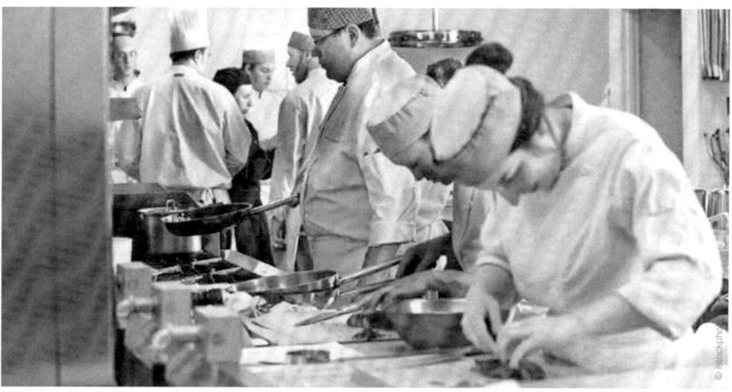

Wer in der Gemeinschaftsgastronomie arbeitet, sollte stets auf die persönliche Körperhygiene, den sachgerechten Umgang mit Lebensmitteln und auf die Sauberkeit am Arbeitsplatz achten.

Personalhygiene

Körper sauber halten

Auf der Haut, insbesondere auf der Kopfhaut, leben jede Menge Mikroorganismen. Ist der Körper frisch gewaschen, können diese sich nur schlecht vermehren. Deshalb ist die Körperhygiene so wichtig. Das regelmäßige Waschen der Haare befreit die Kopfhaut von Schuppen, die Mikroorganismen als Nährstoffquelle dienen.

Fingernägel sauber und kurz geschnitten halten und nicht lackieren

Besonders unter langen Fingernägeln können sich Mikroorganismen ansammeln. Deshalb sollten Fingernägel möglichst kurz geschnitten sein. Da unter Nagellack Schmutz nicht erkennbar ist und der Lack zudem abblättern kann, ist er während der Küchenarbeit tabu.

Strikte Trennung von Privat- und Arbeitskleidung

Über Ihre Privatkleidung können Mikroorganismen in den Küchenbereich eingetragen werden. Geeignete und saubere Arbeitskleidung ist daher Pflicht. Sie muss in der Garderobe getrennt von Ihrer Privatkleidung aufbewahrt werden.

Täglich frische Kleidung und Geschirrtücher verwenden

Auf der Arbeitskleidung und auf Geschirrtüchern sammeln sich Mikroorganismen, die Lebensmittel verunreinigen können. Wechseln Sie daher täglich ihre Arbeitskleidung und die in der Küche verwendeten Tücher. Die Stoffe sollten kochfest sein und hygienerelevante Verschmutzungen sollten darauf farblich leicht zu erkennen sein.

Im Küchenbereich immer eine Kopfbedeckung tragen
Die menschliche Kopfhaut schuppt sich von Zeit zu Zeit. Zudem verliert der Mensch täglich Haare. Schuppen und Haare in Lebensmitteln sind Ekel erregend und unhygienisch, weil sie hochgradig mit Mikroorganismen besiedelt sind. Tragen Sie daher bei der Arbeit immer eine Kopfbedeckung. Lange Haare sollten zusammengebunden werden.

Vor Arbeitsbeginn:
Handschmuck und Armbanduhr ablegen
Unter Handschmuck und der Armbanduhr sammelt sich durch Schwitzen Feuchtigkeit, so dass sich dort Bakterien leicht vermehren können. Außerdem verhindern Schmuckgegenstände eine sorgfältige Reinigung der Hände und Unterarme. Legen Sie daher Ihren Schmuck vor Arbeitsbeginn ab. Auch Ohrringe und Ketten sollten bei der Arbeit nicht getragen werden.

Hände regelmäßig sorgfältig waschen und desinfizieren
Unsere Hände kommen überall mit Krankheitserregern in Berührung. Gründliches Händewaschen mit Seife und warmem Wasser und anschließendes Abtrocknen mit Einweghandtüchern beugt deren Übertragung auf Lebensmittel vor. Waschen Sie Ihre Hände immer in dem dafür vorgesehenen Handwaschbecken. Spülbecken, in dem Sie Lebensmittel oder Geschirr reinigen, sind für das Händewaschen tabu. Waschen Sie Ihre Hände gründlich vor Arbeitsbeginn, nach jeder Pause und regelmäßig zwischen den Arbeitsgängen. Zumindest nach Arbeiten mit rohen Lebensmitteln, insbesondere Fleisch, Geflügel und Eiern, sowie nach dem Toilettenbesuch sollten die Hände nach dem Waschen zusätzlich desinfiziert werden. Beachten Sie die betrieblichen Anweisungen zur Personalhygiene.

Nicht auf Lebensmittel husten oder niesen
Auch gesunde Menschen tragen im Nasen- und Rachenraum Bakterien, die zu Lebensmittelvergiftungen führen können. Damit diese Bakterien und eventuell dort vorkommende Viren nicht über kleine Tröpfchen in die Speisen gelangen, wenden Sie sich immer vom Lebensmittel ab, wenn Sie husten oder niesen müssen. Husten Sie in die Ellenbeuge und benutzen Sie zum Naseputzen ein Papiertaschentuch. Werfen Sie das Taschentuch anschließend weg, waschen Sie sich gründlich die Hände und desinfizieren Sie sie.

Offene Wunden wasserdicht abdecken
Offene Wunden dürfen auf keinen Fall mit Lebensmitteln in Berührung kommen, denn sie können lebensmittelvergiftende Bakterien enthalten. Sie müssen daher mit einem wasserdichten Pflaster, einem sauberen Verband und Gummifingerling oder einem Gummihandschuh abgedeckt werden. Dabei empfiehlt es sich, möglichst farbige Materialien zu benutzen, weil diese bei Verlust leichter zu erkennen sind.

Nicht rauchen
Im Küchenbereich gilt striktes Rauchverbot, denn Asche oder gar Zigarettenkippen könnten in die Speisen gelangen. Das ist gesundheitsschädlich und Ekel erregend.

Erkrankungen und Symptome wie wiederholten Durchfall und Erbrechen sofort der Küchenleitung melden
Personen, die an einer Krankheit leiden, die durch Lebensmittel übertragbar ist, oder die Symptome aufweisen, die auf übertragbare Erkrankungen hindeuten, dürfen nicht mit Lebensmitteln umgehen und den Küchenbereich nicht betreten, wenn die Möglichkeit einer Übertragung von Krankheitserregern besteht. Vor allem beispielsweise bei Durchfallerkrankungen, aber auch bei eitrigen Wunden oder starkem Schnupfen und Husten ist die Gefahr besonders groß, dass sich Krankheitserreger über Lebensmittel verbreiten – auch wenn auf eine gute Hygiene geachtet wird. Deshalb muss die Küchenleitung hier schnell Bescheid wissen.

Nach Rückkehr ohne Impfschutz aus Urlaubsgebieten, in denen ansteckende Infektionskrankheiten wie Hepatitis oder Durchfallerkrankungen verbreitet sind, oder nach einer durchgemachten derartigen Erkrankung während des Urlaubs die Küchenleitung darüber informieren
Bei einer Infektion mit Hepatitisviren sind Betroffene schon 7 bis 14 Tage vor dem Auftreten von ersten Krankheitssymptomen ansteckend. Nach Durchfallerkrankungen scheiden Betroffene oftmals noch Erreger mit dem Stuhl aus, wenn sie die Erkrankungen bereits überstanden haben und sich wieder gesund fühlen. Durch persönliche Schutzmaßnahmen wie die Anweisung zu konsequenter Händehygiene und Desinfektion oder Zuweisung einer eigenen Toilette kann eine Ausbreitung von Krankheitserregern verhindert werden. Deshalb muss die Küchenleitung darüber informiert sein.

Lebensmittelhygiene

Bei der Wareneingangskontrolle nur qualitativ einwandfreie Lebensmittel annehmen
Über Lebensmittel, deren Verpackung verunreinigt oder beschädigt ist, können schädliche Mikroorganismen oder Schädlinge in das Lager eingetragen werden. So kann dort gelagerte Ware verunreinigt werden. Prüfen Sie daher angelieferte Ware auf ihre einwandfreie Verpackung und Qualität.

Die Kühlung der Ware muss durchgehend sichergestellt sein
Unzureichend gekühlte Lebensmittel können verdorben sein. Prüfen Sie daher bei der Wareneingangskontrolle, ob die Lebensmittel angemessen gekühlt angeliefert werden. Das ist insbesondere bei Fleisch, Geflügel, Fisch und Milchprodukten wichtig.

Reine und unreine Arbeit trennen
Von unreinen, das heißt mikrobiell belasteten Lebensmitteln oder Arbeitsmitteln können Mikroorganismen auf saubere, reine Ware übertragen werden – und zwar während der Verarbeitung genauso wie bei der Lagerung. Lagern Sie deshalb z. B. rohe und gegarte Lebensmittel vollständig abgedeckt in getrennten Behältnissen. Auch gebrauchtes Geschirr kann mit Keimen verunreinigt sein. Trennen Sie daher z. B. Speisenausgabe und die Geschirrrücknahme entweder zeitlich oder räumlich. Verwenden Sie niemals dieselben Küchengeräte für die Zubereitung von rohen und bereits gegarten Speisen, ohne sie zwischendurch sehr sorgfältig zu reinigen.

Leicht verderbliche Lebensmittel immer gekühlt aufbewahren und schnell verbrauchen
Viele Mikroorganismen vermehren sich schon bei Raumtemperaturen sehr schnell. Bei einigen Bakterienarten kann selbst eine Kühlung das Wachstum nur verlangsamen. Lagern Sie daher leicht verderbliche Lebensmittel immer entsprechend ihrer Kühlanforderung und verbrauchen Sie diese zügig. Die Angaben auf Verpackungen zur Haltbarkeit und zu Lagerbedingungen sind unbedingt zu beachten.

Lebensmittel zügig verarbeiten
Bei der Verarbeitung in der Küche nehmen Lebensmittel langsam die Temperatur ihrer Umgebung an. Verarbeiten Sie daher vor allem leicht verderbliche Lebensmittel zügig. Das senkt das Risiko einer Vermehrung von Mikroorganismen.

Bei der Zubereitung von Lebensmitteln ist ein hygienisches Arbeiten Pflicht.

Gegarte Zutaten vor der Weiterverarbeitung zwischenkühlen
Beim Zerkleinern und Verarbeiten von Lebensmitteln, z. B. Schneiden von Kartoffeln und Vermischen mit anderen Zutaten, gelangen Mikroorganismen auf die Speisen. Sind die Lebensmittel noch warm, können sich Bakterien besonders schnell vermehren. Deshalb gegarte Zutaten schnell verarbeiten oder zwischenkühlen.

Speisen immer abdecken
Decken Sie Speisen zur Lagerung immer ab, damit keine Mikroorganismen über die Luft hineingelangen können. Geeignete Materialien sind beispielsweise Deckel, sauberes Geschirr oder lebensmittelgeeignete Folien.

Große Fleisch- und Geflügelteilstücke sowie ganzes Schlachtgeflügel vor dem Zubereiten vollständig auftauen lassen
Große Braten- und Geflügelteilstücke sowie ganzes Schlachtgeflügel tauen langsamer auf als flache, dünne. Ist die Ware im Kern noch gefroren, reichen Garzeit und die Temperaturen für ein komplettes Durchgaren eventuell nicht aus. Mikroorganismen werden dann nicht sicher abgetötet und können sich beim Abkühlen wieder vermehren.

Auftauflüssigkeit von Geflügel und Fleisch wegschütten
Auftauflüssigkeiten enthalten oft Mikroorganismen, die Lebensmittel verunreinigen oder vergiften können. Sie dürfen daher auf keinen Fall mit anderen Lebensmitteln in Berührung kommen. Am besten die Auftauflüssigkeit mit Einwegtüchern aufnehmen und dann Hände sowie alle mit dem Auftauwasser in Berührung gekommenen Flächen und Gegenstände sofort gründlich reinigen und anschließend desinfizieren.

Richtig abschmecken
Beim Abschmecken muss darauf geachtet werden, dass der eigene Speichel nicht an die Speisen gelangt. Denn im Mund jedes Menschen befinden sich natürlicherweise Mikroorganismen. Entnehmen Sie daher mit einem sauberen Löffel eine kleine Portion der Speise und geben Sie diese in ein Schälchen oder direkt auf einen Löffel, mit dem Sie probieren wollen. Dann bleibt die Speise selbst rein.

Zubereitete Speisen und Geschirrinnenflächen nicht mit bloßen Händen anfassen
An den Händen befinden sich immer Mikroorganismen. Sie können auf Speisen oder Geschirr übertragen werden, wenn Sie diese mit bloßen Händen anfassen. Tragen Sie daher saubere Handschuhe zum Portionieren oder Mischen von Speisen, die anschließend nicht mehr erhitzt werden. Geschirrinnenflächen dürfen nicht mit den Händen berührt werden.

Speisen ausreichend erhitzen
Hitze tötet die meisten Mikroorganismen ab. Wichtig ist dabei, dass Lebensmittel auf 72 Grad Celsius für zwei Minuten erhitzt werden – und zwar nicht nur oberflächlich, sondern auch in ihrem Kern. Das gilt auch für Speisen, die zwischenzeitlich gekühlt gelagert wurden und heiß serviert werden. Zur Sicherheit können Sie die Kerntemperatur mit einem Thermometer kontrollieren.

Bei der Speisenausgabe:
Speisen nicht unter 65 Grad Celsius heiß halten
Bei Temperaturen zwischen 15 und 55 Grad Celsius vermehren sich viele Keime besonders schnell. Heiße Speisen, die zur Ausgabe bereitgehalten werden, müssen eine Temperatur von mindestens 65 Grad Celsius haben. Die Warmhaltedauer sollte nicht mehr als drei Stunden betragen.

Lebensmittel möglichst schnell herunter kühlen
Sicherheitshalber sollte der Temperaturbereich zwischen 10 und 65 Grad Celsius beim Abkühlen innerhalb von zwei Stunden durchlaufen werden, um eine Keimvermehrung zu vermeiden. Füllen Sie die Speisen daher zum Abkühlen gegebenenfalls in kleinere Behältnisse um. Denn je kleiner die Menge, umso schneller kühlen die Speisen ab.

Küchenhygiene

In der Küche Ordnung halten
Gegenstände, die nicht zur Küchenarbeit benötigt werden, gehören nicht in die Küche. Denn durch sie können Schmutz und Mikroorganismen auf Lebensmittel übertragen werden. Entfernen Sie leere Transportbehältnisse, etwa von Obst und Gemüse oder Milchprodukten, oder leere Dosen unverzüglich aus dem Küchenbereich.

Küche, Lagerräume und Arbeitsmittel sauber halten
In schmutzigen Räumen und auf verunreinigten Arbeitsmitteln können sich Mikroorganismen leicht vermehren. Sind die Räume dagegen sauber und die Maschinen und Arbeitsmittel gereinigt, fehlt den Keimen die Nahrung und sie können nicht wachsen. Reinigen Sie daher Maschinen und Geräte immer sofort nach ihrer Benutzung mit heißem Wasser und Reinigungsmitteln.

Arbeitsplatz zwischendurch immer wieder reinigen – dafür saubere Wischtücher, am besten Einwegtücher, verwenden
Lebensmittelreste und Verunreinigungen trocknen an und lassen sich dann nur sehr schwer entfernen. Sie bilden Keimherde, die mit dem bloßen Auge nicht zu erkennen sind. Deshalb nach jedem Arbeitsgang den Arbeitsplatz gründlich säubern. Schmutzige, oft benutzte Wischtücher enthalten viele Mikroorganismen, die beim Reinigen auf Arbeitsflächen oder Arbeitsmittel übertragen werden. Verwenden Sie deshalb täglich frische Wischtücher oder benutzen Sie Einwegtücher, die Sie anschließend entsorgen.

Kühlräume nicht überfüllen
Sind die Kühlräume zu voll, sinkt ihre Kühlleistung. Dadurch kann die Innentemperatur steigen, so dass Mikroorganismen sich leichter vermehren können. Deshalb sind ausreichende Kühlkapazitäten notwendig. Achten Sie außerdem darauf, nicht zu viel Ware auf einmal kühl lagern zu müssen.

Temperaturhöhe und Reinigungszeit bei der Spülmaschine nicht verstellen
Am gereinigten Geschirr verbleibende Speisereste sind Ekel erregend und können Mikroorganismen als Nahrung dienen. Auch wenn die Zeit drängt: Die Reinigungszeit bei der Spülmaschine muss eingehalten werden. Beachten Sie auch die Vorgaben zur Temperatur und zur Menge des Reinigungsmittels. Nur so erzielen Sie einwandfreie Spülergebnisse.

Reinigungs- und Desinfektionsmittel außerhalb der Küche lagern
Reinigungsmittel, Desinfektionsmittel und Schädlingsbekämpfungsmittel können Lebensmittel verunreinigen. Sie dürfen nicht mit Lebensmitteln in Berührung kommen und müssen daher außerhalb der Küche gelagert werden. Ein versehentlicher Verzehr kann Verätzungen und Vergiftungen verursachen.

Impressum

Herausgegeben von

Bundesanstalt für Landwirtschaft und Ernährung (BLE)
Präsident: Dr. Hanns-Christoph Eiden
Deichmanns Aue 29
53179 Bonn
Tel. +49 228 6845-0
info@bzfe.de
www.ble.de, www.bzfe.de
Download: 1667 (deutsch)

Bundesinstitut für Risikobewertung (BfR)
Präsident: Prof. Dr. Dr. Andreas Hensel
Postfach 12 69 42
10609 Berlin
Tel. +49 30 18412-0
Fax +49 30 18412-99099
bfr@bfr.bund.de
www.bfr.bund.de

Aktualisierte Fassung, Berlin und Bonn 2020/Nachdruck mit Genehmigung der Pressestelle des BfR erlaubt.

Anhang D Verzeichnisse

D.1 Normenverzeichnis

Verzeichnis der Normen, Normentwürfe und Projekte des Arbeitsausschusses „Lebensmittelhygiene“, erarbeitet in den Arbeitskreisen.

Norm	Titel	Ausgabe-datum	Status	Notifizierte Leitlinie für eine gute Verfahrenspraxis
DIN 6650-6	Getränkeschankanlagen – Teil 6: Anforderungen an die Reinigung und Desinfektion	2014-12	Norm	x
DIN 6650-7	Getränkeschankanlagen – Teil 7: Hygienische Anforderungen an die Errichtung von Getränkeschankanlagen	2021-08	Norm	
DIN 6653-3	Getränkeschankanlagen – Ausrüstungsteile – Teil 3: Anforderungen an manuelle Gläserspülgeräte mit räumlich getrennter Vorspülung und Nachspülung	2023-08	Norm	
DIN 10500	Lebensmittelhygiene – Verkaufsfahrzeuge und ortsveränderliche, nichtständige Verkaufseinrichtungen für leicht verderbliche Lebensmittel – Hygieneanforderungen, Prüfung	2019-01	Norm	x
DIN 10501-1	Lebensmittelhygiene – Verkaufsmöbel – Teil 1: Verkaufskühlmöbel für gefrorene und tiefgefrorene Lebensmittel sowie Speiseeis; Hygieneanforderungen, Prüfung	2019-12	Norm	x

Norm	Titel	Ausgabe-datum	Status	Notifizierte Leitlinie für eine gute Verfahrenspraxis
DIN 10501-2	Lebensmittelhygiene – Verkaufsmöbel – Teil 2: Verkaufskühlmöbel für gekühlte Lebensmittel; Hygieneanforderungen, Prüfung	2011-12	Norm	x
DIN 10501-3	Lebensmittelhygiene – Verkaufsmöbel – Teil 3: Verkaufsbehälter für Lebensmittel, die bei Umgebungstemperatur feilgeboten werden; Hygieneanforderungen, Prüfung	2011-12	Norm	x
DIN 10501-4	Lebensmittelhygiene – Verkaufsmöbel – Teil 4: Verkaufswärmemöbel für heiß gehaltene Lebensmittel; Hygieneanforderungen, Prüfung	2011-12	Norm	x
DIN 10501-5	Lebensmittelhygiene – Verkaufsmöbel – Teil 5: Verkaufskühlmöbel zum Anbieten von Salaten und Salatsoßen in Selbstbedienung, Hygieneanforderungen, Prüfung	2006-06	Norm	x
DIN 10502-1	Lebensmittelhygiene – Transportbehälter für flüssige, granulatförmige und pulverförmige Lebensmittel – Teil 1: Werkstoffe, konstruktive Merkmale, Beurteilung der Eignung, Kennzeichnung, Nachweis des Einsatzes und Identifikation	2014-05	Norm	

Norm	Titel	Ausgabe-datum	Status	Notifizierte Leitlinie für eine gute Verfahrenspraxis
DIN 10502-2	Lebensmittelhygiene – Transportbehälter für flüssige, granulatförmige und pulverförmige Lebensmittel – Teil 2: Reinigung und Desinfektion	2014-05	Norm	
DIN 10503	Lebensmittelhygiene – Begriffe	2022-03	Norm	
DIN 10505	Lebensmittelhygiene – Lüftungseinrichtungen für Lebensmittelverkaufsstätten – Anforderungen, Prüfung	2019-12	Norm	x
DIN 10506	Lebensmittelhygiene – Gemeinschaftsverpflegung	2023-03	Norm	x
DIN 10507	Lebensmittelhygiene – Herstellung und Abgabe von Sahne mit Sahneaufschlagmaschinen – Hygieneanforderungen, Prüfung	2019-02	Norm	x
DIN 10508	Lebensmittelhygiene – Temperaturen für Lebensmittel	2022-03	Norm	x
DIN 10514	Lebensmittelhygiene – Hygieneschulung	2024-07	Norm	x
DIN 10516	Lebensmittelhygiene – Reinigung und Desinfektion	2020-10	Norm	x
DIN 10518	Lebensmittelhygiene – Herstellung und Abgabe von nicht vorverpacktem Speiseeis und Softeis an den Verbraucher – Hygieneanforderungen, Prüfung	2019-04	Norm	x
DIN 10519	Lebensmittelhygiene – Selbstbedienungseinrichtungen für unverpackte Lebensmittel – Hygieneanforderungen	2020-12	Norm	x

Norm	Titel	Ausgabe-datum	Status	Notifizierte Leitlinie für eine gute Verfahrenspraxis
E DIN 10519	Lebensmittelhygiene – Selbstbedienungseinrichtungen für unverpackte Lebensmittel – Hygieneanforderungen	2023-12	Norm-Entwurf	
DIN 10522	Lebensmittelhygiene – Gewerbliches maschinelles Spülen von Mehrwegkästen und Mehrwegbehältnissen für unverpackte Lebensmittel – Hygieneanforderungen, Prüfung	2006-01	Norm	x
DIN 10523	Lebensmittelhygiene – Schädlingsbekämpfung im Lebensmittelbereich	2016-09	Norm	x
DIN 10524	Lebensmittelhygiene – Arbeitsbekleidung in Lebensmittelbetrieben	2019-12	Norm	x
DIN 10524	Lebensmittelhygiene – Arbeitsbekleidung in Lebensmittelbetrieben	2020-06	Norm	In Klärung
DIN 10526	Lebensmittelhygiene – Rückstellproben in der Gemeinschaftsverpflegung	2017-08	Norm	x
DIN 10527	Lebensmittelhygiene – Abgabe von leicht verderblichen Lebensmitteln aus Verkaufsautomaten – Hygieneanforderungen	2024-01	Norm	x
DIN 10528	Lebensmittelhygiene – Anleitung für die Auswahl von Werkstoffen für den Kontakt mit Lebensmitteln – Allgemeine Grundsätze	2017-08	Norm	x

Norm	Titel	Ausgabe-datum	Status	Notifizierte Leitlinie für eine gute Verfahrenspraxis
DIN 10529-1	Dosiersysteme für die orale Verabreichung von pulverförmigen oder flüssigen Fertigarzneimitteln bei Nutztieren – Teil 1: Dosiersysteme für pulverförmige Fertigarzneimittel zur Verabreichung über mehlförmiges Futter	2010-12	Norm	
DIN 10529-2	Dosiersysteme für die orale Verabreichung von pulverförmigen oder flüssigen Fertigarzneimitteln bei Nutztieren – Teil 2: Dosiersysteme für flüssige Fertigarzneimittel zur Verabreichung über Trinkwasser	2012-10	Norm	
DIN 10535	Lebensmittelhygiene – Backstationen im Einzelhandel – Hygieneanforderungen	2014-09	Norm	
DIN 10536	Lebensmittelhygiene – Cook & Chill-Verfahren – Hygieneanforderungen	2023-03	Norm	x
DIN 10541	Lebensmittelhygiene – Milchausgabeautomaten – Hygieneanforderungen	2019-04	Norm	x
DIN 10543	Lebensmittelhygiene – Lebensmittellieferungen an Endverbraucher (insbesondere Onlinehandel) – Hygieneanforderungen und notwendige Informationen	2022-03	Norm	x
DIN 10544	Lebensmittelhygiene – Gewerbliche Spülmaschinen – Ergänzende Hygieneanforderungen und Prüfungen	2024-07	Norm	x

Norm	Titel	Ausgabe-datum	Status	Notifizierte Leitlinie für eine gute Verfahrenspraxis
DIN 10546	Lebensmittelhygiene – Überprüfung der Reinigungs- und Desinfektionswirkung auf Oberflächen mittels Spülverfahren	2022-03	Norm	
DIN EN 1672-2	Nahrungsmittelmaschinen – Allgemeine Gestaltungsleitsätze – Teil 2: Anforderungen an Hygiene und Reinigbarkeit; Deutsche und Englische Fassung EN 1672-2: 2020	2021-05	Norm	
DIN EN 13732	Nahrungsmittelmaschinen – Behältermilchkühlanlagen für Milcherzeugerbetriebe – Anforderungen an Leistung, Sicherheit und Hygiene; Deutsche und Englische Fassung prEN 13732:2019	2022-10	Norm	
DIN EN 16876	Nahrungsmittelmaschinen – Maschinen zur Herstellung von Softeis – Sicherheits- und Hygieneanforderungen; Deutsche und Englische Fassung prEN 16876:2015	2015-07	Norm-Entwurf	
DIN EN 16878	Nahrungsmittelmaschinen – Kombi-Geräte und Eismixgefriergeräte – Sicherheits- und Hygieneanforderungen; Deutsche und Englische Fassung prEN 16878:2015	2015-08	Norm-Entwurf	

Norm	Titel	Ausgabe-datum	Status	Notifizierte Leitlinie für eine gute Verfah-renspraxis
DIN EN 16881	Nahrungsmittelmaschinen – Pasteurisiergeräte, Bottiche und Eismaschinen – Sicherheits- und Hygieneanforderungen; Deutsche und Englische Fassung prEN 16881:2015	2015-07	Norm-Entwurf	
DIN EN 16888	Nahrungsmittelmaschinen – Sahneaufschlagmaschinen – Sicherheits- und Hygieneanforderungen; Deutsche und Englische Fassung prEN 16888:2015	2015-08	Norm-Entwurf	
DIN EN 16889	Lebensmittelhygiene – Herstellung und Abgabe von Heißgetränken aus Heißgetränkebereitern – Hygieneanforderungen, Migrationsprüfung; Deutsche und Englische Fassung prEN 16889:2015	2016-10	Norm	
DIN EN 17093	Leitungsungebundene Haushaltsgeräte zur Behandlung von Trinkwasser – Haushaltswasserfiltersysteme – Sicherheits- und Leistungsanforderungen, Kennzeichnung und mitzuliefernde Informationen; Deutsche Fassung EN 17093:2018	2018-10	Norm	
DIN EN 17735	Gewerbliche Spülmaschinen – Hygieneanforderungen und Prüfung; Deutsche und Englische Fassung prEN 17735:2022	2023-02	Norm	

Norm	Titel	Ausgabe-datum	Status	Notifizierte Leitlinie für eine gute Verfahrenspraxis
DIN EN ISO 14159	Sicherheit von Maschinen – Hygieneanforderungen an die Gestaltung von Maschinen (ISO 14159:2002); Deutsche Fassung EN ISO 14159:2008	2008-07	Norm	
DIN EN ISO 14159 Berichtigung 1	Sicherheit von Maschinen – Hygieneanforderungen an die Gestaltung von Maschinen (ISO 14159:2002); Deutsche Fassung EN ISO 14159:2008, Berichtigung zu DIN EN ISO 14159:2008-07	2009-01	Norm	
DIN EN ISO 21469	Sicherheit von Maschinen – Schmierstoffe mit nicht vorhersehbarem Produktkontakt – Hygieneanforderungen (ISO 21469:2006); Deutsche Fassung EN ISO 21469:2006	2006-05	Norm	
DIN ISO 20966	Automatische Melkeinrichtungen – Anforderungen und Prüfung (ISO 20966:2007)	2008-04	Norm	

D.2 Arbeitskreise des Arbeitsausschusses „Lebensmittelhygiene“

Arbeitskreis	Titel
NA 057-02-01-01 AK	Abgabe von leicht verderblichen Lebensmitteln aus Verkaufsautomaten
NA 057-02-01-02 AK	Abtrennung von nicht allseitig geschlossenen Lebensmittelverkaufsstätten
NA 057-02-01-03 AK	Arbeitsbekleidung in Lebensmittelbetrieben
NA 057-02-01-04 AK	Außer-Haus-Verpflegung/Temperaturen
NA 057-02-01-05 AK	Automatische Melkverfahren
NA 057-02-01-06 AK	Beleuchtung von Lebensmitteln
NA 057-02-01-07 AK	Haushaltswasserfilter
NA 057-02-01-08 AK	Hygieneanforderungen an die maschinelle Reinigung von Lebensmittelbedarfsgegenständen
NA 057-02-01-09 AK	Lebensmittelschmierstoffe
NA 057-02-01-10 AK	Personalhygiene/Schulung
NA 057-02-01-11 AK	Reinigung und Desinfektion
NA 057-02-01-12 AK	Rückstellproben in der Gemeinschaftsverpflegung
NA 057-02-01-13 AK	Sahneaufschlagmaschinen
NA 057-02-01-14 AK	Schädlingsbekämpfung im Lebensmittelbereich
NA 057-02-01-15 AK	Speiseeismaschinen
NA 057-02-01-17 AK	Terminologie
NA 057-02-01-18 AK	Transportbehälter für Lebensmittel
NA 057-02-01-19 AK	Unverpackte Lebensmittel in Selbstbedienung
NA 057-02-01-20 AK	Verkaufsfahrzeuge für Lebensmittel
NA 057-02-01-21 AK	Verkaufsmöbel für Lebensmittel
NA 057-02-01-22 AK	Werkstoffe in Kontakt mit Lebensmitteln
NA 057-02-01-23 AK	Hygieneschleusen
NA 057-02-01-24 AK	Dosiersysteme für Tierarzneimittel

Arbeitskreis	Titel
NA 057-02-01-25 AK	Getränkebereiter
NA 057-02-01-27 AK	Backstationen im Lebensmitteleinzelhandel
NA 057-02-01-28 AK	Hygieneanforderungen an Nahrungsmittelmaschinen
NA 057-02-01-29 AK	Lebensmittellieferungen an Endverbraucher (insbesondere Onlinehandel)
NA 057-02-01-30 GAK	Behältermilchkühlanlagen für Milcherzeugerbetriebe
NA 057-02-01-31 GAK	Gemeinschaftsarbeitskreis NAL/NAM, Technologien zur Betäubung und Tötung in der Schlachtung

D.3 Wichtige Institutionen für die Lebensmittelsicherheit

Institution	URL
Robert Koch-Institut	https://www.rki.de/DE/Home/homepage_node.html
Max Rubner-Institut	https://www.mri.bund.de/de/home/
Deutscher Hotel- und Gaststättenverband	https://www.dehoga-bundesverband.de/
Lebensmittelverband Deutschland e. V.	https://www.lebensmittelverband.de/de/
Bundesinstitut für Risikobewertung	https://www.bfr.bund.de/de/start.html
Bundesamt für Verbraucherschutz und Lebensmittelsicherheit	https://www.bvl.bund.de/DE/Home/home_node.html
Berufsgenossenschaft Nahrungsmittel und Gastgewerbe	https://www.bgn.de/

D.4 Literatur- und Quellenverzeichnis

[1] Bundesamt für Verbraucherschutz und Lebensmittelsicherheit (2023): Jahresbericht zum Mehrjährigen Nationalen Kontrollplan (MNKP) – Daten zur Lebensmittelüberwachung 2022. URL: https://www.bvl.bund.de/SharedDocs/Fachmeldungen/01_lebensmittel/2023/2023_11_21_MNKP-2022.html [Stand 02.08.2024].

[2] Lebensmittelverband Deutschland (2023): 5,1 Millionen Erwerbstätige, 619.000 Betriebe, 170.000 Produkte – die deutsche Lebensmittelwirtschaft in Zahlen, Pressemitteilung vom 12.04.2023. URL: https://www.lebensmittelverband.de/de/presse/pressemitteilungen/branchenzahlen-2021 [Stand 02.08.2024].

[3] Verordnung (EG) Nr. 178/2002 des Europäischen Parlaments und des Rates vom 28. Januar 2002 zur Festlegung der allgemeinen Grundsätze und Anforderungen des Lebensmittelrechts, zur Errichtung der Europäischen Behörde für Lebensmittelsicherheit und zur Festlegung von Verfahren zur Lebensmittelsicherheit, ABl. L 31 vom 1.2.2002, S. 1–24. URL: https://eur-lex.europa.eu/legal-content/DE/TXT/?uri=CELEX%3A32002R0178&qid=1723196063692 [Stand 09.08.2024].

[4] Allgemeine Verwaltungsvorschrift über Grundsätze zur Durchführung der amtlichen Überwachung der Einhaltung der Vorschriften des Lebensmittelrechts, des Rechts der tierischen Nebenprodukte, des Weinrechts, des Futtermittelrechts und des Tabakrechts (AVV Rahmen-Überwachung – AVV RÜb) vom 20. Januar 2021. URL: https://www.verwaltungsvorschriften-im-internet.de/bsvwvbund_20012021_3158100140002.htm [Stand 09.08.2024].

[5] Bundesamt für Verbraucherschutz und Lebensmittelsicherheit (2023): Bericht zu lebensmittelbedingten Krankheitsausbrüchen in Deutschland im Jahr 2022. URL: https://www.bvl.bund.de/SharedDocs/Fachmeldungen/01_lebensmittel/2023/2023_10_26_Lebensmittelbedingte-Krankheitsausbrueche-2022.html Stand 02.08.2024].

[6] Verordnung (EU) 2021/382 der Kommission vom 3. März 2021 zur Änderung der Anhänge der Verordnung (EG) Nr. 852/2004 des Europäischen Parlaments und des Rates über Lebensmittelhygiene hinsichtlich des Allergenmanagements im Lebensmittelbereich, der Umverteilung von Lebensmitteln und der Lebensmittelsicherheitskultur (Text von Bedeutung für den EWR), C/2021/1312, ABl. L 74 vom 4.3.2021, S. 3–6. URL: https://eur-lex.europa.eu/eli/reg/2021/382/oj [Stand 02.08.2024].

[7] Verordnung (EG) Nr. 852/2004 des Europäischen Parlaments und des Rates vom 29. April 2004 über Lebensmittelhygiene, ABl. L 139 vom

30.04.2004, S. 1–54. URL: https://eur-lex.europa.eu/eli/reg/2004/852/oj [Stand 02.08.2024].

[8] Richtlinie 93/43/EWG des Rates vom 14. Juni 1993 über Lebensmittelhygiene, ABl. L 175 vom 19.7.1993, S. 1–11. URL: http://data.europa.eu/eli/dir/1993/43/oj [Stand 02.08.2024].

[9] Verordnung über Lebensmittelhygiene und zur Änderung der Lebensmitteltransportbehälter-Verordnung vom 05.08.1997, Bundesgesetzblatt Jahrgang 1997 Teil I Nr. 56, ausgegeben am 08.08.1997, Seite 2008. URL: https://www.bgbl.de/xaver/bgbl/start.xav?startbk=Bundesanzeiger_BGBl&jumpTo=bgbl197s2008.pdf#__bgbl__%2F%2F*%5B%40attr_id%3D%27bgbl197s2008.pdf%27%5D__1722593622587 [Stand 02.08.2024].

[10] Verordnung zur Durchführung von Vorschriften des gemeinschaftlichen Lebensmittelhygienerechts vom 08.08.2007, Bundesgesetzblatt Jahrgang 1997 Teil I Nr. 56, ausgegeben am 08.08.1997, Seite 1816. URL: https://www.bgbl.de/xaver/bgbl/start.xav?startbk=Bundesanzeiger_BGBl&jumpTo=bgbl107s1816.pdf#__bgbl__%2F%2F*%5B%40attr_id%3D%27bgbl107s1816.pdf%27%5D__1722597996108. [Stand 02.08.2024].

[11] Verordnung über Anforderungen an die Hygiene beim Herstellen, Behandeln und Inverkehrbringen von Lebensmitteln (Lebensmittelhygiene-Verordnung – LMHV). URL: https://www.gesetze-im-internet.de/lmhv_2007/ [Stand 25.08.2024].

[12] Gesetz über die Durchführung von Maßnahmen des Arbeitsschutzes zur Verbesserung der Sicherheit und des Gesundheitsschutzes der Beschäftigten bei der Arbeit (Arbeitsschutzgesetz – ArbSchG). URL: https://www.gesetze-im-internet.de/arbschg/ [Stand 02.08.2024].

[13] Gesetz zur Verhütung und Bekämpfung von Infektionskrankheiten beim Menschen (Infektionsschutzgesetz – IfSG). URL: https://www.gesetze-im-internet.de/ifsg/ [Stand 02.08.2024].

[14] Bundesinstitut für Risikobewertung (o. J.): Lebensmittelhygiene. URL: https://www.bfr.bund.de/de/lebensmittelhygiene-54338.html [Stand 07.08.2024].

[15] Bekanntmachung der Kommission zur Umsetzung von Managementsystemen für Lebensmittelsicherheit unter Berücksichtigung von guter Hygienepraxis und auf die HACCP-Grundsätze gestützten Verfahren einschließlich Vereinfachung und Flexibilisierung bei der Umsetzung in bestimmten Lebensmittelunternehmen 2022/C 355/01, C/2022/5307, ABl. C 355 vom 16.09.2022, S. 1–58. URL: https://eur-lex.europa.eu/

legal-content/DE/TXT/?uri=CELEX%3A52022XC0916%2801%29&qid=1723042703782 [Stand 07.08.2024].

[16] DIN 820-1:2022-12 „Normungsarbeit – Teil 1: Grundsätze".

[17] DIN 10503 „Lebensmittelhygiene – Begriffe".

[18] Martens, W. & Reiche, T. (2022): Begriffe in der Lebensmittelhygiene. Kommentar der DIN 10503 – Mit Ausführungen zum Managementsystem für Lebensmittelsicherheit. Beuth Verlag, Berlin.

[19] DIN EN ISO 22000 „Managementsysteme für die Lebensmittelsicherheit – Anforderungen an Organisationen in der Lebensmittelkette".

[20] DIN 10516 „Lebensmittelhygiene – Reinigung und Desinfektion".

[21] Codex Alimentarius – General principles of food hygiene CAC/RCP 1-1969, Rev. 2020. URL: https://www.fao.org/fao-who-codexalimentarius/sh-proxy/en/?lnk=1&url=https%253A%252F%252Fworkspace.fao.org%252Fsites%252Fcodex%252FStandards%252FCXC%2B1-1969%252FCXC_001e.pdf [Stand 09.08.2024].

[22] Kleiner, U./Reiche, T./Sohmen, R. (2022): Reinigung und Desinfektion – Kommentar der DIN 10516 und DIN 10546. Beuth Verlag, Berlin.

[23] Reiche, T. (2019): Gemeinschaftsverpflegung – Kommentar zu DIN 10506. Beuth Verlag, Berlin.

[24] Lebensmittel-, Bedarfsgegenstände- und Futtermittelgesetzbuch (LFGB). URL: https://www.gesetze-im-internet.de/lfgb/ [Stand 09.08.2024].

[25] Bundesanstalt für Landwirtschaft und Ernährung (Hrsg.)/Bundesinstitut für Risikobewertung (2019/2020): Hygieneregeln in der Gemeinschaftsgastronomie (diverse Sprachfassungen). URL: https://www.bfr.bund.de/de/publikation/merkblaetter_fuer_weitere_berufsgruppen-61521.html [Stand 09.08.2024].

D.5 Abkürzungsverzeichnis

AA	Arbeitsausschuss Normungsgremium
ABAS	Ausschuss für Biologische Arbeitsstoffe des Bundesministeriums für Arbeit und Soziales
AFFL	Arbeitsgruppe „Fleisch- und Geflügelfleischhygiene und fachspezifische Fragen von Lebensmitteln tierischer Herkunft“ der Länderarbeitsgemeinschaft Verbraucherschutz
AK	Arbeitskreis eines Normungs-Arbeitsausschusses
ArbSchG	Arbeitsschutzgesetz
AVV RÜb	Allgemeine Verwaltungsvorschrift über Grundsätze zur Durchführung der amtlichen Überwachung der Einhaltung der Vorschriften des Lebensmittelrechts, des Rechts der tierischen Nebenprodukte, des Weinrechts, des Futtermittelrechts und des Tabakrechts (AVV Rahmen-Überwachung)
BfR	Bundesinstitut für Risikobewertung
BGN	Berufsgenossenschaft für Nahrungsmittel und Gaststätten
BRC	Brand Reputation through Compliance
BVL	Bundesamt für Verbraucherschutz und Lebensmittelsicherheit
BVLK	Bundesverband der Lebensmittelkontrolleure Deutschland e. V.
CCP	Kritischer Lenkungspunkt
DGUV	Deutsche Gesetzliche Unfallversicherung
DIN	Deutsches Institut für Normung e. V.
EN	Europäische Norm
FSMS	Food Safety Management System
GAP	Good Agricultural Practice (Gute landwirtschaftliche Praxis)
GDP	Good Distribution Practice (Gute Vertriebspraxis)
GFSI	Global Food Safety Initiative
GHP	Gute Hygienepraxis
GMP	Good Manufacturing Practice (Gute Herstellungspraxis)
GPP	Good Production Practices (Gute Produktionspraxis)

GTP	Good Trading Practice (Europäischer Kodex der guten Handelspraxis zum ordnungsgemäßen Handel mit Futtermitteln)
GVP	Good Veterinary Practice (Gute veterinärmedizinische Praxis)
HACCP	Hazard Analysis Critical Control Points (Gefahrenanalyse Kritische Kontrollpunkte)
HKP	Hygienekontrollpunkt
IFS	International Featured Standards
IfSG	Infektionsschutzgesetz
ISO	International Organization for Standardization (Internationale Organisation für Normung)
KOBAS	Koordinierungskreis für biologische Arbeitsstoffe der DGUV
LMHV	Verordnung über Anforderungen an die Hygiene beim Herstellen, Behandeln und Inverkehrbringen von Lebensmitteln (Lebensmittelhygiene-Verordnung)
MHD	Mindesthaltbarkeitsdatum
MRI	Max Rubner-Institut
NAL	DIN-Normenausschuss NA 057 Lebensmittel und landwirtschaftliche Produkte
PRP	Prerequisite Program (Präventivprogramm)
QM	Qualitätsmanagement
RKI	Robert Koch-Institut
UVV	Unfallverhütungsvorschriften

D.6 Stichwortverzeichnis